EINLEITUNG

Alexandra Hoffmann

Futter gibt's nur von mir

So lässt Ihr Hund jeden Giftköder liegen

Giftköder nicht mit mir!

Müller
Rüschlikon

Einbandgestaltung: r2 | Ravenstein, Verden
Titelbild: ©Iris Klauenberg/Pixelio.de

Bildnachweis
Bild S. 7: Maja Dumat_pixelio.de; Bild S. 8: magicpen_pixelio.de; Bild S. 10: Birgit
Lieske_pixelio.de; Bild S. 12: Martina Goslar_pixelio.de; Bild S. 20: Gerd Pfaff_pixelio.de;
Bild S. 22: grasser_pixelio.de; Bild S. 24: Tom2859_pixelio.de; Bild S. 32: Christine
Braune_pixelio.de; Bild S. 38: Sylvi_pixelio.de; Bild S. 80: A. Holzknecht_pixelio.de;
Bilder S. 39 und S. 73 Thomas Brodmann/ www.animals-digital.de

Alle übrigen Fotos stammen von Alexandra Hoffmann.

ISBN 978-3-275-02074-4

Copyright © 2016 by Müller Rüschlikon Verlag
Postfach 103743, 70032 Stuttgart
Ein Unternehmen der Paul Pietsch Verlage GmbH & Co. KG
Lizenznehmer der Bucheli Verlags AG, Baarerstr. 43, CH-6304 Zug

1. Auflage 2016

Sie finden uns im Internet unter www.mueller-rueschlikon-verlag.de

Lektorat: Claudia König
Innengestaltung: r2 | Ravenstein, Verden
Druck und Bindung: Graspo CZ, 76302 Zlin
Printed in Czech Republic

INHALT

In der Küche fällt ein Stück Fleisch herunter, auf dem Wohnzimmertisch liegt noch der Rest eines Wurstbrotes, das Nachbarskind lässt einen Keks fallen ... – in all diesen und vergleichbaren Fällen dauert es nur Bruchteile von Sekunden und unser Hund hat die »Beute« gesehen und vernichtet. Während es im eigenen Haushalt oder bei Freunden und Bekannten einfach nur lästig oder manchmal auch peinlich ist, wenn der Hund ständig auf der Suche nach Fressbarem unterwegs ist und vielleicht sogar Essen vom Tisch klaut, so ist es auf Spaziergängen und in unbekannter Umgebung mehr als nur eine

Das Klauen von Essen ist unangenehm und bei Nahrungsmitteln, wie z. B. Weintrauben, auch gefährlich für den Hund.

lästige Unart. Zwar ist eine weggeworfene Leberkäsesemmel für den Hund nicht gefährlich und Hinterlassenschaften von Reh, Hase und Co. nur für unseren Geschmack ekelerregend. Trotzdem besteht überall die Gefahr, dass der Hund etwas aufnimmt, was er nicht verträgt, oder dass er sich mit gefährlichen Krankheiten infiziert. Und selbstverständlich darf nicht vergessen werden, dass neben Giftködern, die gezielt ausgelegt werden, um Hunden zu schaden, auch jede Menge giftige Dünge- und Schädlingsbekämpfungsmittel verstreut werden. So wird das »Staubsaugerspiel« für Hund und Halter buchstäblich zu einem Russisch Roulette. Wenn Sie sich dieses Buch gekauft haben, kennen Sie das leidige Thema höchstwahrscheinlich zur Genüge. Sie wünschen sich nichts mehr, als wieder entspannt mit Ihrem Hund spazieren gehen zu können, ohne dass er »jeden Dreck« frisst?

Auch ich kenne die Magenschmerzen sehr gut, wenn man inständig hofft, dass der vermeintliche »Leckerbissen« keine gefährlichen Bestandteile für den Hund enthielt.

Die gute Nachricht: das gefährliche Verhalten ist zu beeinflussen. Zwar wird es meistens nicht gelingen, dass wirklich niemals mehr etwas gefressen wird, denn der Hund ist von Natur aus ein Beutegreifer. Trotzdem kann ein Alternativverhalten gelernt werden, für welches der Hund sich eine Belohnung beim Menschen abholen kann. Ich wünsche Ihnen und Ihrem Hund viel Erfolg beim Training und in Zukunft entspannte Spaziergänge mit Ihrem Liebling.

Jeder Organismus benötigt Energie in Form von ausreichender Nahrung, um leben zu können.

Hunde und ihre Nahrungsbedürfnisse

Mittlerweile ist durch zahlreiche wissenschaftliche Untersuchungen geklärt, dass der Wolf der einzige Stammvater unserer Haushunde ist. Der Hund ist ein so genannter Karnivore, also ein fleischfressender Beutegreifer, der aber keineswegs nur das Fleisch, sondern alles, was von den erlegten Beutetieren verwertbar ist, frisst. Wichtige Bestandteile der Beutetiere, sind:

- Muskelfleisch und die darin enthaltenen Eiweiße und Fette.
- Knochen und das darin enthaltene Kalzium.
- Leber und Nieren und die darin enthaltenen fettlöslichen Vitamine und Spurenelemente.
- Darm und dessen Inhalt und die darin enthaltenen wasserlöslichen Vitamine.

Eine ausgewogene Hundeernährung besteht nicht nur aus Fleisch.

- Körperfett und die darin enthaltenen essentiellen Fettsäuren.
- Unverdauliche Ballaststoffe aus dem Darminhalt, wie z. B. pflanzliche Faserstoffe.

Weiter frisst er auch verschiedene Pflanzen. Hierzu gehören Gräser, Früchte, Wurzeln oder die Hinterlassenschaften anderer Tiere.

Die Verdauungsorgane unserer Hunde sind sehr anpassungsfähig und ermöglichen es, sich an die unterschiedlichsten Lebensbedingungen und damit verbundene Nahrungsangebote anzupassen. Das bedeutet, dass Hunde inzwischen als so genannte Omnivore (Allesfresser) bezeichnet werden können. Diese Anpassung der Hunde an uns Menschen, ermöglichte ihnen zu überleben. Erst seit ca. 30 Jahren beschäftigt man sich intensiver mit den Nahrungsbedürfnissen von Haushunden, unterschiedliche Futtersorten und -arten schießen in der Folge wie Pilze aus dem Boden. Früher wurden Hunde mit Tischabfällen gefüttert und lebten damit auch nicht schlecht, wenn auch nicht unbedingt zu 100 % optimal mit Nährstoffen versorgt. Auch heute noch ist die Tatsache, dass Hunde wirklich fast alles fressen, oft sehr nützlich für einige Halter. Dieser Vorteil hat allerdings den großen Nachteil, dass eben auch auf Spaziergängen fast alles, was irgendwo herumliegt und fressbar sein könnte, aufgenommen wird.

Die meisten Hunde fressen fast alles.

Nahrungssuche
und ihre
verhaltensbiologischen
Grundlagen

Die Entstehung

Die Entstehung eines jeden Verhaltens, so auch der Nahrungssuche, kann in vier Abschnitte unterteilt werden:

1. Proximate Ursachen

Unter proximaten Ursachen versteht man alle Faktoren, die das Verhalten erst in Gang setzen und deren Ausführung und Frequenz, also die Häufigkeit, kontrollieren. Beispiele hierfür sind Zellen des Gehirns (Neuronen), Nervenzellen, Hormone und Muskeln. Bezogen auf die Nahrungsaufnahme wäre das also die Versorgungslage des Organismus mit Energie und ein daraus entstehender Nährstoffbedarf.

2. Entstehung bzw. Entwicklung

Mit Entwicklung ist die individuelle Entwicklung des Hundes vom Welpen bis zum erwachsenen Hund gemeint. Hierbei spielen genetisch bedingte Faktoren genauso eine Rolle, wie individuelle Lernerfahrungen des jeweiligen Hundes. Bezogen auf die Nahrungsaufnahme bedeutet das, dass Hunde zwar grundsätzlich mit Hundefutter und anderen für Hunde geeigneten Nahrungsmitteln ernährt werden können und auch sollen, sich aber auch an ein bestimmtes Nahrungsangebot anpassen und selbst ausprobieren, ob bestimmte Dinge essbar sind bzw. besonders gut schmecken. Selbst dann, wenn kein artgerechtes Futter zur Verfügung steht, können Hunde sehr lange überleben und mit dem Vorlieb nehmen, was sie finden können.

3. Ultimate Ursachen bzw. Funktionen

Ultimate Ursachen und Funktionen sind nichts anderes, als Konsequenzen, die ein Verhalten nach sich zieht. Hierbei spielt sowohl das individuelle Wohlbefinden des einzelnen Hundes, als auch seine Überlebens- und Fortpflanzungschancen eine wichtige Rolle. Auch in Bezug auf die Anpassung an eine sich ständig verändernde Umwelt, sind die Konsequenzen eines Verhaltens von großer Bedeutung. Bezogen auf die Nahrungsaufnahme unserer Hunde bedeutet das, dass Hunde sich nur dann wohlfühlen, wenn sie ausreichend Nahrung zur Verfügung haben und hier ihr zukünftiges Verhalten an frühere Erfahrungen anpassen. Nahrung, die leicht verfügbar ist, wie z. B. alles, was einfach so auf Wegen herumliegt, ist attraktiver als Beute, die erst mühsam erjagt werden muss. Diese Form von Nahrung bringt Energie, ohne dass vorher Energie dafür verbraucht werden musste. Auch Bekömmlichkeit, Geschmack und ähnliche Faktoren spielen hier eine Rolle. Nicht zuletzt natürlich auch die Reaktion des Halters, wenn der Hund bestimmte Dinge aufnimmt oder eben nicht.

Das Fressen von gefundenem »Futter«, ist ein ganz normales Hundeverhalten.

4. Der phylogenetische Ursprung des Verhaltens

Phylogenese bedeutet die Entwicklung bestimmter Verhaltensweisen im Laufe der Evolution, d. h. der Stammesgeschichte der gesamten Tierart. Es handelt sich nicht um einzelne Lernerfahrungen bestimmter Individuen, sondern das Verhalten wird von allen Tieren einer Art auf die gleiche oder sehr ähnliche Art und Weise ausgeführt. Bezogen auf die Nahrungsaufnahme unserer Hunde bedeutet das, dass sich die Jagd- und Nahrungssuchstrategien der Wölfe und Wildhunde über viele Jahre hinweg entwickelt haben. Die Strategien, die am erfolgreichsten waren, setzten sich durch und wurden von Generation zu Generation weitergegeben. Zu diesen erfolgreichen Verhaltensweisen gehörte auch das Fressen von »verlassenem« bzw. gefundenem Futter.

Nahrungssuche als stammesgeschichtlich vorangepasstes Verhalten

Neben angeborenen Verhaltensweisen, die weder gelernt noch geübt werden müssen und dem Tier sofort nach der Geburt zur Verfügung stehen, gibt es noch das stammesgeschichtlich vor-angepasste Verhaltensweisen. Das bedeutet, dass einzelne Teile des Verhaltens oder der Verhaltenskette zwar genetisch vorgegeben sind, für sich alleine und ohne entsprechende Lernvorgänge aber noch nicht zum Ziel führen. Die Suche nach Nahrung ist ein typisches Beispiel für ein solch vor-angepasstes Verhalten. Der Hund weiß instinktiv, dass er fressen muss. Bei den meisten Hunden löst der Anblick von Mäusen, Hasen, Rehen etc. den Jagdinstinkt aus. Ohne Übung und Unterstützung durch die

Im Spiel mit Gleichaltrigen lernen und üben die Welpen lebenswichtige Verhaltensweisen, wie z. B. das Jagdverhalten.

Mutterhündin oder andere Hunde, hat der Hund allerdings in den seltensten Fällen Erfolg. Erst durch Übung werden die Verhaltensweisen mit Verhaltensmustern verknüpft und führen dann zum Ziel. Durch mehrmaliges Üben kann das Verhalten verbessert und somit immer effektiver eingesetzt werden. Bei karnivoren Säugetieren ist es wichtig, dass sie bestimmte Verhaltensweisen während ihrer Jugendzeit von den Eltern lernen. Wenn man bedenkt, dass es für alle Hunde vollkommen normal ist, dass sie »gefundenes Futter« auf ihren Ausflügen fressen, schauen sich Welpen und Junghunde auch dieses Verhalten von ihren Artgenossen ab. Am Wegrand gefundenes »Futter« wird von allen Hunden als »Nahrung« erkannt, und zu unser aller Leidwesen brauchen Hunde dazu keinerlei Übung. Dadurch, dass sich dieses Verhalten seit Jahrhunderten als evolutionsstabil erwiesen hat, wird deutlich, dass es keinen einfachen oder schnellen Weg geben kann, unseren Hunden dieses Verhalten abzugewöhnen.

Nahrungssuche als Instinkthandlung

Von einem Instinkt spricht man dann, wenn es für ein äußerlich sichtbares Verhalten einen inneren Auslöser, d. h. eine Bereitschaft, gibt, das Verhalten auszuführen. Der Verhaltensforscher Konrad Lorenz (1903–1989) bezeichnete u. a. die Nahrungsaufnahme als Instinkthandlung. Lorenz ging davon aus, dass diese Instinkthandlung überwiegend genetisch festgelegt ist und in ihrem Bewegungsmuster immer gleich abläuft. Es wird eine Handlungskette erkennbar, die aus den 3 Komponenten besteht: »Instinkt« – »Gelerntes Verhalten« – »Verstärkung durch Belohnung«. Die Sinnesorgane des Hundes sind also genau darauf ausgerichtet, bestimmte Auslösereize, die

die Suche nach Nahrung bzw. deren Aufnahme in Gang setzen, reflexartig zu erkennen und adäquat darauf zu reagieren. Hierbei spielen angeborene Auslöser, vielmehr noch erlernte Auslöser, eine wichtige Rolle. Die Instinkthandlung »Fressen« besteht demnach aus den beiden Komponenten

- Erbkoordination (genetisch festgelegtes Verhalten)
- Orientierungsbewegung (erlerntes und durch Übung verfeinertes Verhalten in Richtung der Nahrung, d. h. auf diese zu).

Die beiden Komponenten können auch zeitlich getrennt voneinander ablaufen.

Ein Beispiel ist ein Hund beim Fangen seiner Beute. Nachdem er eine Beute wahrgenommen hat, wendet er sich dieser zuerst zu, er dreht sich also in die entsprechende Richtung (Orientierungsbewegung). Erst jetzt versucht er, sie zu hetzen, zu jagen und schließlich zu fangen (Erbkoordination).

Übertragen auf das Jagd- und Nahrungssuchverhalten des Hundes, bedeutet das Folgendes:

Die gesamte Instinkthandlung des Jagens wird in diese Abschnitte unterteilt:
- Sehen bzw. Wittern der Beute > Hinwendung/Orientierung
- Fixieren der Beute > Hinwendung/Orientierung
- Anschleichen > Hinwendung/Orientierung
- Hetzen > Hinwendung/Orientierung
- Packen > Erbkoordination
- Töten > Erbkoordination
- Fressen > Erbkoordination

Auch bei wild lebenden Hunden und Wölfen, kann diese Handlungskette nicht immer vollständig ausgeführt werden. Es gibt immer Fälle, in denen das Beutetier schneller ist, der Verfolger gestört oder unterbrochen wird. Auch dann, wenn der Hund ein bereits getötetes Beutetier oder andere »verlassene« Nahrung findet, läuft die Handlungskette der »Jagd« auf die genetisch vorgegebene und evolutionsstabile Art und Weise ab. Es werden nur einzelne Teile entsprechend abgewandelt oder ganz weggelassen, ohne dass das Verhalten an sich gestört würde. Wer kennt es nicht, wenn der Hund etwas Fressbares (oder was er dafür hält) gefunden hat und sich langsam immer näher heranschleicht, um sich dann blitzschnell darauf zu stürzen und so weit wie möglich damit wegzulaufen, um es in Ruhe zu fressen.

Konrad Lorenz fand außerdem heraus, dass es zwei unterschiedliche Arten von Auslösern gibt. Er unterschied angeborene (AAM) und erlernte (EAM) Auslösemechanismen. Und genau hier wird es in Bezug auf das Staubsaugerverhalten des Hundes interessant. Wären alle Auslösemechanismen beim Hund angeboren, so würde er nur auf ganz wenige Dinge mit Jagd- bzw. Beutefangverhalten reagieren und demnach alles Andere nicht als Nahrung erkennen.

Nahrungssuche und Verhaltensprogramme

Kennt man den Gesamtkatalog aller Verhaltensweisen, die eine Tierart zeigen kann, so kann man mit einer bestimmten Wahrscheinlichkeit voraussagen, welches Verhalten es in bestimmten Situationen zeigen wird.
Verhaltensprogramme oder Verhaltensketten laufen also niemals zufällig ab, sondern werden immer durch bestimmte Auslöser gestartet bzw.

beendet: Auslösender Reiz, Bereitschaft (Motivation), ein Verhalten auszuführen.

Verhalten entwickelt sich in der Regel von »allgemeinen« zu immer »spezielleren« Verhaltensmustern. Das tatsächlich gezeigte Verhalten hängt immer auch von der Reaktion der Umwelt und den Konsequenzen ab. Das Gehirn und das Rückenmark (ZNS = Zentrales Nervensystem) sind als Schaltzentrale auch für die Nahrungssuche bzw. das Fressverhalten unserer Hunde zuständig. Das Gehirn als höchstes Zentrum wird durch Hormone beeinflusst und löst das Appetenzverhalten (also die gezielte Suche nach Nahrung) aus. Das Tier begibt sich an einen Ort, an dem es damit rechnen kann, dass es die passenden Signalreize antrifft.
Taucht ein entsprechender Reiz auf, so gibt der AAM (angeborene Auslösemechanismus) oder der EAM (erworbene Auslösemechanismus) das dafür zuständige Zentrum frei. Von dort aus werden Impulse an untergeordnete Zentren gesendet, so dass Verhaltensweisen, wie gezieltes Annähern an das Futter oder auch das Fressen, ausgelöst werden können. Jede Verhaltensweise kann ihrerseits wieder weitere Verhaltensweisen auslösen. Bei komplexen Verhaltensweisen, wie z.B. der Nahrungssuche, die weitreichende Konsequenzen haben und aus vielen verschiedenen Verhaltensmustern bestehen, werden im Gehirn mehrere Zentren von einem zentralen Faktor gesteuert. Da das Jagd- bzw. Beuteverhalten in mehreren aufeinanderfolgenden Zyklen verläuft, löst ein Verhalten quasi das nächste in der Reihenfolge aus. Die entscheidende Endhandlung wird in mehrere Untereinheiten eingeteilt. Die Nervenzellen senden Impulse an die betreffenden Muskelfaserbündel, die dann auf der niedrigsten Ebene das Verhalten ausführen.

Das erfolgreiche Fangen von Beutetieren muss der Hund erst üben.

Nahrungssuche als Handlungskette

Jedes Verhalten ist eine Antwort auf einen von außen stammenden Reiz, der in Verbindung mit einer inneren Motivation zu einer bestimmten Reaktion führt. Verändern sich Umwelt oder Auslösereize, muss sich das Lebewesen entsprechend anpassen, wenn es überleben möchte.

In Bezug auf die Nahrungssuche bedeutet das, dass der Hund sich in einer für ihn typischen Handlungskette auf das »Futter« zu bewegt, wobei »Futter« so gut wie alles sein kann. Auch die Handlungskette der Futtersuche, »Jagd«, ist nicht immer gleich und vorhersehbar. So kann eine Hinwendung zum Futter auch bedeuten, dass der Hund an einer bestimmten Stelle gräbt oder die Nase hoch in die Luft hält.

Das Wälzen in z. B. toten Tieren, die im Anschluss häufig
gefressen werden, zeigen sehr viele Hunde.

Nahrungssuche
in Abhängigkeit von der
Handlungsbereitschaft

Damit ein Verhalten wie die Nahrungssuche und Nahrungsaufnahme ausgeführt werden kann, muss eine innere Motivation vorhanden sein. Bei diesem Verhalten handelt es sich also nicht um eine einfache Reiz-Reaktions-Beziehung, die immer und überall ausgelöst werden kann. In ähnlichen oder völlig gleichen Situationen kann ein und derselbe Hund mehrere komplett unterschiedliche Verhaltensweisen zeigen.

Verhalten ist also immer das Ergebnis von:
1. dem aktuellen physiologischen (körperlichen) Zustand des Tieres.
2. den Umweltbedingungen und wie das Tier diese für sich wahrnimmt.

Appetenzverhalten

Hat der Hund Hunger, muss er sich auf die Suche nach Futter machen. Er geht da hin, wo er schon einmal Futter gefunden hat, oder davon ausgehen kann, dass er etwas Fressbares findet. Besteht eine entsprechende Motivation, so sucht der Hund aktiv nach geeigneten Auslösern.

Das homöostatische Motivationsmodell

Motivationen für ein Verhalten, wie z. B. die Suche nach Nahrung, muss schon vorhanden sein, bevor die bestehenden »Vorräte« komplett aufgebraucht sind. Ein Raubtier wird rechtzeitig nach Beutetieren suchen und diese erjagen oder anderweitig nach Nahrung suchen, solange es noch genug Kraft dafür hat. Der Organismus verfügt also über eine Art Messsystem, das rechtzeitig warnt, bevor sein »Akku« zu weit entladen ist. Dieses Messsystem orientiert sich an einem festgelegten Richtwert, der immer konstant gehalten werden muss, damit der Organismus lebensfähig bleibt.

Ein Beispiel, das diesen Vorgang gut beschreibt, ist ein Modell aus der Regeltechnik. Bei diesem Modell handelt es sich um ein sich selbst regulierendes System. Es wird ein bestimmter Sollwert vorgegeben, wie z. B. ein bestimmter Blutzuckerspiegel oder eine bestimmte Menge an im Organismus vorhandenen Nährstoffen. Dieser Sollwert darf weder über- noch unterschritten werden. Damit der optimal wünschenswerte Wert ständig kontrolliert werden kann, existiert ein Fühler. Meldet der Fühler eine Abweichung vom Sollwert, so wird ein Kontrollmechanismus eingeschaltet, der den Ist-Zustand mit dem Soll-Zustand vergleicht. Der hierbei festgestellte Unterschied löst eine Verhaltensänderung aus. Das Hungergefühl eines Hundes, der längere Zeit nichts gefressen hat, steigt an. Der Hund wird sein Verhalten dementsprechend anpassen und auf Nahrungssuche gehen. Ist der Sollwert wieder erreicht, wird das Verhalten beendet, es besteht (zumindest theoretisch) keine weitere Handlungsmotivation mehr.

Entstehung von Verhalten durch Anpassung an die Umwelt

Um sich seiner Umwelt anpassen zu können, braucht das Tier Informationen über den Lebensraum, in dem es sich befindet.

Es gibt zwei Möglichkeiten der Anpassung:
1. Durch die natürliche Selektion entstehen im Laufe der Evolution verschiedene Merkmale und Verhaltensweisen. Die Merkmale, die am besten an die Umwelt angepasst sind, setzen

sich durch und werden von den überlebenden Tieren an ihre Nachkommen weitergegeben. Weniger gut angepasste Tiere überleben nicht, können also ihre Merkmale auch nicht vererben. Man spricht hier von einem Artgedächtnis.

2. Jedes Tier macht seine eigenen Erfahrungen mit der Umwelt und passt sein Verhalten individuell an. Dieses Verhalten ist nicht genetisch fixiert und wird nicht vererbt. Es kann aber natürlich durch Lernen oder Nachahmung von einem Tier an ein anderes weitergegeben werden. Man spricht hier von einem Individualgedächtnis.

Nahrungssuche als kognitive bzw. durch Lernen bedingte Leistung

Jeder Ort, den der Hund mit seinem Menschen besucht, kann als Fundort zahlreicher Futterquellen dienen. Stellt sich die »Nahrung« als genießbar heraus – und Hunde sind hier nicht sehr wählerisch –, so wird das Beutespektrum erweitert. Der Hund merkt sich also nicht nur die Art von »Futter«, sondern auch den Ort, an dem er es gefunden hat. Da die Auswahl an Spazierwegen nicht unbegrenzt ist, sucht der Hund bei jedem neuen Spaziergang gezielt an den Orten, an denen er schon einmal etwas gefunden hat. Lag häufig etwas im hohen Gras, in Gebüschen oder hinter einigen Bäumen, generalisiert der Hund diese Orte sehr schnell und wird mehr und mehr dazu übergehen, auch an neuen und unbekannten Orten vermehrt nach »Nahrung« zu suchen. Die Verhaltensbiologie spricht hier von der so genannten »optimalen Wiederkehrzeit«. Damit ist gemeint, dass der Hund bestimmte Orte zielstrebig zu Zeiten aufsucht, zu denen er mit dem Auftauchen von Beute rechnen kann. Da weggeworfene »Nahrung« zum einen mühelos verfügbar ist und selten direkte Konkurrenz durch andere Hunde droht und zum anderen der Hund zu jeder Tages- und Nachtzeit und auf jedem Spaziergang etwas Fressbares finden kann bzw. schon einmal gefunden hat, ist praktisch jeder Ort und jede Zeit optimal dazu geeignet, um auf Nahrungssuche zu gehen. Durch das ständige Suchen, das außerdem häufig von Erfolg gekrönt ist, entwickeln sich gezielte Suchmuster im Gehirn des Hundes. Es entstehen also mehrere neuronale Schaltkreise, die immer schneller auf alle Reizreaktionsmuster ansprechen, die »Futter« ankündigen können. Je häufiger das Verhalten mit anschließendem Nahrungserfolg ausgeführt wird, desto besser werden die entsprechenden Gehirnstrukturen trainiert und desto löschungsresistenter wird das Verhalten des Hundes gefestigt. Da »Nahrung« in diesem Fall ein sehr weit gefasster Begriff ist, betreffen die Suchmuster fast ausschließlich das Suchverhalten und die Orte, an denen Futter gefunden werden kann – also leider überall – und werden nur in Ausnahmefällen auf bestimmte Nahrungsarten beschränkt.

Nahrungssuche als soziales Verhalten

Sozialverhalten und Kommunikation unter Artgenossen spielt natürlich auch bei der Nahrungssuche eine wichtige Rolle. Laufen also mehrere Hunde zu einem bestimmten Ort oder fressen gar bereits etwas, dann wird diese Stelle für später ankommende Hunde umso interessanter. Dazu kommt noch, dass auch »Nahrung«, die ein Hund alleine nicht fressen würde, aus Futterneid gegenüber anderen Hunden in der Gruppe doch gefressen wird.

Nahrungssuche nach dem Kosten-Nutzen-Prinzip

Der Verhaltensforscher Niko Tinbergen (1907–1988) entwickelte ein Modell, das sich mit den Kosten im Vergleich zu dem erhaltenen Nutzen bei der Nahrungssuche beschäftigt. Nahrung im Allgemeinen wird als »Währung« bezeichnet. Diese fiktive Größe soll bei der Suche möglichst optimiert werden. Der Hund möchte also so schnell wie möglich so viel Nahrung wie möglich aufnehmen und dabei so wenig Energie wie möglich verbrauchen bzw. das geringstmögliche Risiko eingehen. Wirtschaftlich gesehen liegt hier eine Maximierung des Gewinns sowie eine Minimierung des Risikos vor.
Der Nutzen eines jeden Nahrungsfundes wäre sicherlich in erster Linie der Energiegewinn.

Als Kosten kommen z. B. folgende Faktoren in Frage:

2. Zeit- und Kraftaufwand, um die Nahrung zu bekommen
3. enthaltene Energie und Inhaltsstoffe
4. das Risiko, sich beim Suchen, Finden oder Fressen der Nahrung zu verletzen
5. das Risiko, beim Fressen der Nahrung selbst Opfer eines Beutegreifers, also selbst gefressen zu werden.

Was bedeutet das nun für das Verhalten unserer Hunde?

Zwar gehören unsere Hunde, genauso wie ihre wilden Vorfahren, zu den Beutegreifern, die ihre Nahrung in erster Linie erjagen und töten, bevor sie sie fressen, aber als Allesfresser werden auch Pflanzen und andere »bereits tote« Nahrung nicht abgelehnt. Auch der Zeitfaktor spielt bei der Nahrungssuche eine Rolle. Muss ein Tier für eine große, dafür aber sehr nahrhafte Beute deutlich länger suchen, als für eine kleinere, aber leichter verfügbare, so muss es sich überlegen, ob sich der Mehraufwand für die größere Beute wirklich lohnt.

Entscheidungsfindung

Die Entscheidung wird immer individuell getroffen und hängt von mehreren Faktoren ab:

- Seit wann hat der Hund schon nichts mehr gefressen = wie viel Zeit hat er also, bis er auf jeden Fall Nahrung finden muss?
- Wie viele Nahrungskonkurrenten gibt es im Gebiet?
- Welche äußeren Bedingungen herrschen vor, wie z. B. Temperatur, Witterung, etc.?

Nötige Kompromisse

Bei der Suche nach Futter, muss aber auch immer das Risiko von möglichen Gefahren bedacht werden. Lauern vor der schützenden Höhle zahlreiche Feinde, wird das Tier dort bleiben, auch wenn vor der Höhle die besten Speisen ausgelegt wurden. Nehmen wir an, wenige Zentimeter von der Höhle entfernt liegt Futter, das zwar essbar ist, aber nur wenig Energie liefert. Einige Meter von der Höhle entfernt, befindet sich sehr nahrhaftes Futter, das dem Tier noch dazu sehr gut schmeckt. Das Tier wird hier sicherlich die weniger attraktive Nahrung wählen, weil es innerhalb von Sekunden wieder in der sicheren Höhle und damit vor den Feinden geschützt ist. Die innere Motivation des Tieres spielt eine große Rolle. Hat das Tier erst vor kurzem sehr viel gefressen, wird es Nahrung nicht beachten, auch wenn sie ohne Aufwand erreichbar wäre.
Ist im Gegenteil ein Tier schon sehr ausgehungert und dringend auf Nahrung angewiesen, wird es auch ein größeres Risiko eingehen.

Die meisten Hunde haben immer Hunger und hören erst auf zu fressen, wenn der Napf restlos leer ist.

Staubsaugerverhalten

Auch wenn es für den Hundehalter keinen großen Unterschied macht, ob der Hund nun weggeworfenes Essen, Hinterlassenschaften anderer Tiere oder Gegenstände, wie Steine, Holz o.Ä., frisst, sprechen wir doch von unterschiedlichen Verhaltensweisen bzw. Verhaltensstörungen.

Mit »Staubsaugerverhalten« ist gemeint, dass der Hund in Haus und Garten ständig jeden Winkel nach Fressbarem absucht und jeden noch so kleinen Krümel sofort »einsaugt«. Aber auch auf Spaziergängen ist der Hund ständig auf der Suche nach »Futter« und nimmt hier weggeworfenes Essen genauso auf, wie die Hinterlassenschaften von Reh, Hase und Co., kurz alles, was er für fressbar hält.

Dadurch, dass die wilden Vorfahren unserer Hunde und auch die vielen wild lebenden Hunde im Ausland den Luxus eines gefüllten Futternapfes, der mehrmals täglich pünktlich serviert wird, nicht kannten bzw. kennen, müssen sie auf Nahrungssuche gehen und dürfen dabei weder zu wählerisch sein, noch können sie es sich leisten, Reste zurückzulassen.
Hierbei leistet auch der speziell auf diese Fressweise angelegte Magen des Hundes, der so genannte Sackmagen, wichtige Dienste. Anatomisch gesehen ist der Magen des Hundes so angelegt, dass er sehr große Mengen an Futter auf einmal fressen und verdauen kann. Da der Hund ja nicht wissen kann, wann er wieder Nahrung findet, konnte er nur durch diesen Magen überleben. Die Anatomie unserer Haushunde hat sich im Vergleich zu Wölfen und wild lebenden Hunden nicht verändert. Das ist auch eine Erklärung dafür, warum Hunde immer Hunger zu haben scheinen, obwohl sie in unserer Gesellschaft eher überfüttert als unterernährt werden.

Das Fressen von Kot

Das Fressen von Kot wird in der Verhaltensbiologie als Koprophagie bezeichnet. Hiermit ist gemeint, dass der Hund seinen eigenen Kot oder den Kot anderer Tiere frisst. Auch wenn die Häufigkeit und auch die Menge an Kot, die der Hund frisst, über »normal« oder »pathologisch« entscheidet, sprechen wir in jedem Fall von Koprophagie.

Kot ist nicht gleich Kot
Wir sprechen sowohl dann von Koprophagie, wenn der Hund seinen eigenen Kot oder den Kot anderer Hunde frisst, als auch, wenn er den Kot anderer Tiere oder des Menschen aufnimmt.

Hundekot
Das Fressen des eigenen Kotes oder des Kotes anderer Hunde, kann weder im Ethogramm (Verhaltenskatalog) des Wolfes, noch dem des Hundes gefunden werden. Auch aus ernährungsphysiologischer Sicht ist es nicht notwendig. Wir können hier also von einem nicht artgemäßen Verhalten sprechen! Die einzige Ausnahme bilden hier Hündinnen, die unmittelbar vorher Welpen geboren haben. Kurz nach der Geburt können die Welpen das Nest noch nicht verlassen und sind auch noch nicht dazu in der Lage, selbstständig Kot abzusetzen. Die Mutterhündin leckt ihre Welpen deshalb nach jedem Säugen so lange, bis Kot abgesetzt wird, und frisst diesen anschließend sofort auf. Auf diese Weise bleibt das Lager sauber.

Kot von Pflanzenfressern
Hierzu gehört der Kot von Pferden, Rehen und anderen Wildtieren, Kaninchen und Hasen, Schafen oder Ziegen. Diese Art von Kot übt auf die meisten Hunde eine hohe Anziehungskraft

Die Mutterhündin hält das Wurflager sauber, indem sie die Hinterlassenschaften ihrer Welpen frisst.

aus, und es scheint so, als würde er den Hunden schlicht und einfach schmecken. Hält sich das in Grenzen und gehört der Hund nicht einer gefährdeten Rasse, wie Collie, Border Collie, Bobtail oder Schäferhund an, ist dieses Verhalten nicht als pathologisch einzustufen. Der Hund sollte nicht ausschließlich damit bzw. mit der Suche danach beschäftigt sein.

Menschenkot

Auch wenn wir Menschen das als besonders ekelhaft empfinden, ist es aus Hundesicht nachvollziehbar. Menschen sind »schlechte Futterverwerter«, und der Kot enthält häufig noch jede Menge Nährstoffe und unverdaute Bestandteile, die Hunde als sehr verlockend empfinden. Auch hier können wir davon ausgehen, dass dieser Kot einigen Hunden einfach schmeckt.

Ein weiterer Punkt ist der, dass Hunde in frühester Urzeit auch als »lebendige Windeln« gehalten wurden. Gerade bei Kindern war es so, dass die Hunde deren Kot sofort aufgefressen haben, nachdem die Kinder diesen abgesetzt hatten. Somit wurde das Lager sauber gehalten, eine erwünschte Eigenschaft der Lagerhunde.

Katzenkot

Bei Katzenkot ist die Sache zumindest grenz-
wertig. Es ist möglich, dass dem Hund wichtige
Nährstoffe in seiner eigenen Nahrung fehlen,
die er über den Katzenkot aufnehmen kann. Der
Hund soll auf jeden Fall als erstes einem
Tierarzt vorgestellt werden, damit eventuelle
Mangelzustände erkannt und entsprechend
behoben werden können.

Lebt die Katze z. B. mit im gleichen Haushalt
kann es sein, dass der Hund den Kot frisst, weil
er gelernt hat, dass der Halter dann sofort
reagiert und er Aufmerksamkeit bekommt. Auch
kann der Hund ein für ihn lustiges Spiel daraus
entwickeln, wer den Kot schneller entdeckt und
vernichtet hat, der Mensch oder er.

Normales Verhalten?

Auch wenn es eindeutige Kriterien gibt, wann
ein Verhalten als normal bzw. artgerecht und
wann als pathologisch, also nicht mehr normal,
eingestuft werden kann, sind die Grenzen in den
meisten Fällen fließend. Hier spielen vor allem
die Häufigkeit und die jeweiligen Umgebungs-
faktoren eine wichtige Rolle.

Von Normalverhalten spricht man in der Regel
dann, wenn das Verhalten sich im Laufe der Evolution entwickelt hat. Das bedeutet, dass die
Tiere, die am besten an ihre Umwelt angepasst
waren, sich erfolgreich fortpflanzen und somit
ihre Gene an die Nachwelt vererben konnten.
Das Verhalten läuft aber keineswegs als unver-
änderliches »Programm« ab, sondern wird immer

Pferdeäpfel sind für die meisten Hunde eine besondere »Delikatesse«.

Leben Hund und Katze im selben Haushalt, sollte das Katzenklo für den Hund von Anfang an tabu sein.

flexibel an die jeweilige Umweltsituation angepasst. Ziel ist es, das Wohlbefinden und letztlich auch das sichere Überleben des Tieres und der gesamten Tierart zu sichern. Ein weiteres wichtiges Erkennungsmerkmal für Normalverhalten ist, dass es nicht nur von einem oder wenigen Einzeltieren gezeigt wird, sondern dass es von allen Tieren derselben Art, in unserem Fall also von allen Hunden, auf ähnliche Art und Weise und in vergleichbaren Situationen gezeigt wird. Es kann also als typisches Hundeverhalten bezeichnet werden.

Was bedeutet das nun in Bezug auf das »Staubsaugerverhalten«?

Ein Ausflug, also das Entfernen vom Schlafplatz bzw. Ruhelager, diente häufig einzig und alleine dazu, auf Nahrungssuche zu gehen. Nahrung, die nicht mehr selbst erlegt werden muss, ist hier natürlich sehr viel willkommener als Beutetiere, die mit viel Kraftaufwand und auch dem Risiko, verletzt zu werden, selbst getötet werden müssen. Die Hunde, die am meisten Nahrung finden konnten, haben nicht nur selbst am längsten überlebt, sondern konnten es sich auch leisten, erfolgreich Nachwuchs großzuziehen. Die Suche nach Nahrung ist also ohne Zweifel evolutionsstabil. Unveränderlich verläuft die Suche nach Nahrung trotzdem nicht. Der Hund verfolgt gezielt bestimmte Geruchsspuren und frisst, was er an Fressbarem findet. Hat er die Wahl, bevorzugt er bestimmte Dinge und schluckt nicht wahllos alles einfach hinunter. Hat der Hund genug Futter aufgenommen, ist er satt, und damit steigt sein Wohlbefinden ohne Zweifel deutlich an. Beobachtet man mehrere unterschiedliche Hunde, so kann man im Beutesuch- bzw. Nahrungssuchverhalten eindeutige Gemeinsamkeiten erkennen. Der Hund verhält sich im Vergleich zu Artgenossen also vollkommen normal.

Verhaltensstörung?

Als pathologisches Verhalten bzw. Verhaltensstörung gilt ein Verhalten in der Regel dann, wenn es ausgeführt wird, um eine unerträgliche Situation erträglicher zu machen oder sonstige Ungleichgewichte auszugleichen. Durch die Ausführung des Verhaltens erreicht das Tier nicht, dass es sich wohlfühlt, sondern es fühlt sich lediglich kurzzeitig besser. Eine Anpassung an unterschiedliche Umweltsituationen ist nicht möglich, da das Verhalten als festes Programm abläuft, das nicht verändert werden kann. Durch dieses unflexible und ungesunde Verhalten leidet nicht nur die Lebensqualität des Hundes enorm, denn er hat einerseits keine Zeit mehr für normales Hundeverhalten und andererseits birgt das pathologische Verhalten jede Menge Gefahren. Vergleicht man das Verhalten des betroffenen Hundes mit dem anderer Hunde in ähnlichen Situationen, so sind deutliche Unterschiede erkennbar.

Ein Hund, der ein pathologisches »Staubsaugerverhalten« bzw. eine Verhaltensstörung wie Pica oder Koprophagie zeigt, schluckt wahllos alle Dinge hinunter, die ihm vor die Schnauze kommen. Die Aufnahme dient weder dem Stillen eines vorhandenen Hungergefühls, noch dem Anlegen von »Nahrungsvorräten« für evtl. beutelose Folgetage. Verschluckt der Hund gefährliche Dinge, wie Nadeln, Nägel oder Glasscherben, so bringt er sich in unmittelbare Lebensgefahr. Verschluckt er dagegen »nur« unverdauliche Dinge wie Lehm, Holz oder Ähnliches, leidet seine Lebensqualität langfristig ebenfalls, denn es entwickelt sich ein gefährlicher Nährstoffmangel. Sowohl das wahllose Schlucken aller möglichen Gegenstände selbst und die ständige stereotype und zwanghafte Suche danach, als auch das Hinunterschlucken dieser, bedeutet für den Hund großen Stress und kann damit nicht mehr nur als ein den Menschen störendes Verhalten eingestuft werden.

Welche Ursachen tatsächlich hinter der Entstehung stecken, ist bisher noch nicht eindeutig geklärt. Sicherlich spielen hier individuelle Charaktereigenschaften und Lernerfahrungen des einzelnen Hundes die wichtigste Rolle.

Mögliche Entstehungsfaktoren

Vorkommen von Fettsäuren und Ammoniak
Auch wenn wir Menschen uns das nur sehr schwer vorstellen können, so empfinden Hunde ihren eigenen Kot und den Kot anderer Tiere oder auch Menschen nicht als ekelerregend, sondern als bestenfalls nur interessant, im schlechtesten Fall als Delikatesse. Hier spielen Fettsäuren eine Rolle, die bei der Verdauung von Bakterien und der mikrobakteriellen Fermentation von Kohlenhydraten im Dickdarm gebildet werden. (Fett und Fettsäuren stellen auch hier eine Art »Geschmacksträger« dar.) Auch Ammoniak, der bei der Verdauung entsteht, wird von vielen Hunden, besonders von Welpen, als angenehm empfunden.

Auf Geschmack und Vorliebe unserer Hunde haben wir durch Training keinen großen Einfluss. Der Hund kann lediglich lernen, dass er diesen Geruch anzeigt bzw. ein anderes Alternativverhalten zeigt und dafür belohnt wird.

Welpenalter

Welpen verhalten sich bei Kot genauso, wie bei anderen »Objekten«, die sie interessieren und die sie kennen lernen möchten. Sie sind also neugierig und möchten alles im wahrsten Sinne des Wortes »probieren«.

Gerade bei Welpen und jungen Hunden kommt es häufig vor, dass sie es als lustiges Spiel betrachten, den Kot schneller zu vernichten, als der Halter das kann. Hat der Welpe ein- oder mehrmals den eigenen Kot gefressen, passen die Halter in der Regel sehr gut auf, dass das nicht weiterhin passiert. Sobald der Hund Kot abgesetzt hat, sind sie zur Stelle und räumen ihn hektisch weg. Der Welpe lernt aus diesem Verhalten, dass sein Kot oder andere Dinge, die er gerade im Maul hat, etwas sehr Wertvolles sein müssen, das die Halter unbedingt haben möchten.

Um dem vorzubeugen, soll der Welpe angemessen beschäftigt und beobachtet werden, damit er nichts fressen kann, was für ihn gefährlich werden könnte, und sich das Fressen von ungenießbaren Dingen gar nicht erst angewöhnt.

Verlangen nach Aufmerksamkeit

Ein anderer Grund ist der, dass die Halter in der Regel sofort reagieren, wenn sie sehen, dass der Hund Kot frisst. Der Hund kann dieses Verhalten dann sehr schnell dazu benutzen, um die

Das »Vernichten« des Hundekotes kann leicht zu einem Wettkampf zwischen Hund und Mensch werden.

Das Fressen von ungenießbaren Dingen kann auch eine Form von nach Aufmerksamkeit heischendem Verhalten des Hundes sein.

Aufmerksamkeit seiner Menschen auf sich zu lenken. Hier ist es sehr wichtig herauszufinden, ob der Hund sich wirklich langweilt und nicht genug Möglichkeiten bekommt, seine Bedürfnisse auszuleben, so dass er zu Ersatzhandlungen bzw. Ersatzbefriedigungen greifen muss. Es ist sehr selten der Fall, dass der Hund bestimmte Dinge nur deshalb frisst, weil er die Aufmerksamkeit seiner Menschen erreichen möchte. Beim allerersten Mal, wenn der Hund etwas frisst oder fressen möchte, weiß er noch nicht, dass sein Mensch sofort darauf reagieren wird. Es ist also ein grundsätzliches Interesse an dem »Objekt der Begierde« vorhanden. Stellt sich das »Objekt« als nicht so interessant heraus, verliert der Hund schnell das Interesse daran – es sei denn, sein Mensch war den ganzen bisherigen Spaziergang langweilig und hat sich nicht um den Hund gekümmert, bis der die »Beute« fressen wollte.

Zwingerhaltung und Stress

Gesunde Hunde vermeiden es, ihren Schlafplatz bzw. ihr unmittelbares Zuhause zu beschmutzen. Müssen sie in einem kleinen Zwinger leben, der noch dazu nicht häufig genug gereinigt wird, versuchen sie selbst »aufzuräumen« und den Kot zu beseitigen.

Wird ein Hund im Zwinger gehalten, muss auf jeden Fall darauf geachtet werden, dass dieser groß genug ist und regelmäßig gründlich gereinigt wird.

Im § 6 der Tierschutzhundeverordnung sind die gesetzlichen Vorschriften für eine Zwingerhaltung benannt. Diese Vorschriften sind allerdings keinesfalls ausreichend um einem Hund ein artgerechtes und zufriedenes Leben zu ermöglichen. Muss der Hund dauerhaft isoliert in einem Zwinger leben, sind unerwünschte Verhaltensweisen und Verhaltensstörungen vorprogrammiert.

Leben mehrere Hunde gemeinsam in einem Zwinger, können Stressfaktoren eine Rolle spielen:

- Es sind zu viele Hunde auf zu engem Raum eingesperrt.
- Verstehen sich einzelne Tiere nicht, können sie sich nicht aus dem Weg gehen und sind ständig miteinander konfrontiert.
- Es kommt immer wieder zu Streitereien und Kämpfen unter den Hunden.

In Stresssituationen kann das Kotfressen als Übersprungshandlung gezeigt werden.

Stress ist niemals eine Krankheit, sondern immer nur ein Symptom. Ist Stress die Ursache für das Fressen von ungenießbaren Dingen, muss die Ursache gefunden werden, hier muss die Therapie ansetzen. Konzentriert man sich nur auf das unerwünschte Verhalten, erreicht man im günstigsten Fall kurzzeitig kleine Erfolge, die aber nicht lange anhalten. In den allermeisten Fällen erreicht man aber nichts. Ein anderes Ergebnis kann sein, dass zwar das Fressen

Bei reiner bzw. hauptsächlicher Haltung im Zwinger, sind unerwünschte Verhaltensweisen vorprogrammiert.

Das Gähnen ist ein eindeutiges Stresssymptom.

aufhört, der Hund sich aber ein anderes »Ventil« für seine Stressbelastung sucht.

Erkrankungen

Ist der Hund stark von Darmparasiten, wie z. B. Würmern, befallen oder leidet er an einer Erkrankung der Bauchspeicheldrüse (Pankreasinsuffizienz), hat er sehr großen Hunger.
Im Falle eines Wurmbefalles fressen die Würmer dem Hund sehr viele Nährstoffe weg. Der Teufelskreis, der hierbei entsteht, ist der, dass sich im Kot Wurmeier und auch Larven befinden können. Frisst der Hund seinen eigenen Kot oder auch den Kot von anderen Hunden, die verwurmt sind, nimmt er die Parasiten damit wieder auf.

Im Falle einer Unterfunktion der Bauchspeicheldrüse fehlen wichtige Bestandteile, die für die Verdauung benötigt werden. Der Hund versucht dann häufig, seinen Hunger und Nährstoffmangel durch das zusätzliche Fressen des eigenen Kotes zu stillen.

Leidet der Hund unter Verdauungsstörungen ist es möglich, dass er nicht alle Nährstoffe aus der Nahrung aufnehmen kann und einige davon unverdaut mit dem Kot wieder ausscheidet. Diese Nährstoffe versucht er dann durch das Fressen seines eigenen Kotes doch noch zu bekommen.

Strafen

Hunde, die sehr hart bestraft wurden, wenn sie in der Wohnung Kot abgesetzt haben, lernen, dass ihre Menschen immer dann wütend werden, wenn Kot vorhanden ist. Um der Strafe zu entgehen, frisst der Hund seinen eigenen Kot schnell auf, damit der Halter ihn nicht findet. In diesem Fall ist eine Fehlverknüpfung entstanden. Der Hund hat nicht gelernt, dass der Mensch den Kotabsatz in der Wohnung nicht möchte, sondern dass es Ärger gibt, wenn Hund, Mensch und Kot gemeinsam in einem Zimmer sind. Der Hund wird also weiterhin Kot im Haus absetzen, diesen aber sofort auffressen. Leider hat das auch zur Folge, dass das Verhalten sehr schnell generalisiert wird. Das bedeutet: Der Hund verknüpft Kot und die Gegenwart seines Menschen generell negativ und vermeidet es deshalb, Kot abzusetzen, wenn sein Mensch anwesend ist. Da der Mensch auf Spaziergängen in der Regel immer dabei ist, wird der Hund rasch dazu übergehen, draußen überhaupt keinen Kot mehr abzusetzen, um stattdessen nach Rückkehr ins Haus schnell in ein anderes Zimmer zu laufen, dort unbemerkt zu koten, um anschließend alles sofort zu vernichten. Hier entsteht dann ein Teufelskreis aus Angst und Strafen. Eventuell geht der Hund auch dazu über, auf Spaziergängen den Kot fremder Hunde zu fressen, weil er befürchtet, Kot bedeutet generell Strafe für ihn, wenn sein Mensch ihn in der Nähe davon erwischt.

Strafen richten so gut wie immer sehr viel Schaden an und lösen das Problem nicht bzw. verringern die Lebensqualität des Hundes erheblich. Können unangemessene Strafen als Auslöser bzw. Entstehungsursache gefunden werden, muss der Halter damit sofort aufhören!

Fütterungsfehler

Zu wenig oder minderwertiges Futter

Wird der Hund nicht artgerecht ernährt oder bekommt er insgesamt zu wenig oder minderwertiges Futter, versucht er, verloren gegangene Nährstoffe aufzunehmen, indem er seinen eigenen Kot – oder auch den Kot von Artgenossen – frisst. Auch durch falsche Lagerung oder zu große Packungen, die zu lange geöffnet sind, können Nährstoffe verloren gehen.

Überversorgung mit Nährstoffen

Genauso schlecht wie eine ungenügende Fütterung oder minderwertiges Futter, ist aber auch ein Zuviel an Futter und Nährstoffen. Es ist möglich, dass durch die ständige Überversorgung unverhältnismäßig viele Bakterien im Dickdarm gebildet werden. Diese überschüssig vorhandenen Nährstoffe werden vom Körper nicht benötigt und zum Teil mit dem Kot wieder ausgeschieden. Diese Bakterien enthalten flüchtige Fettsäuren, die den Kot ganz besonders angenehm »duften« lassen und den Hund dazu verleiten, ihn zu fressen.

Zu bedenken gilt hier allerdings immer, dass es DAS optimale Futter bzw. DIE optimale Fütterung pauschal nicht gibt. Was für einen Hund ein minderwertiges Futter ist, bedeutet für einen anderen Hund eine Überversorgung mit Nährstoffen. Für einen Hund, der auf alle Fertigfuttermittel allergisch reagiert, mag Barf oder Selbstgekochtes die beste Lösung sein, das bedeutet aber nicht, dass Fertigfutter minderwertig oder gar gesundheitsschädlich für alle Hunde ist. Möchte man seinen Hund optimal mit Nährstoffen versorgen, ist es wichtig, dass der Hund als Individuum betrachtet wird.

Hier spielen Rasse, Alter, Bewegung, Vorerkrankungen usw. eine Rolle. Ein Tierarzt kann anhand einer gründlichen Untersuchung und einer Blutanalyse herausfinden, ob der Hund optimal versorgt ist und bei Bedarf einen individuellen Fütterungsplan erstellen.

Geschmacksverstärker
Erhält der Hund ein Fertigfutter, das mit Geschmacksverstärkern angereichert ist, so werden diese häufig unverdaut mit dem Kot wieder ausgeschieden. Der Sinn und Zweck von Geschmacksverstärkern ist es, die Akzeptanz eines Futters zu steigern. Der Hund soll also dazu verführt werden, das Futter gerne zu fressen. Den selben Effekt haben wir hinterher dann leider auch mit dem Kot, der die unverdauten und unverdaulichen Geschmacksverstärker noch enthält.

Es ist aber in den seltensten Fällen so, dass das Futter wirklich für das Kotfressen verantwortlich gemacht werden kann. Die meisten Hunde, die dieses Verhalten zeigen, werden über ihr Futter optimal mit Nährstoffen versorgt. Die wenigen Hunde, die tatsächlich unterversorgt sind, behalten das Kotfressen auch nach einer Futterumstellung bzw. -anpassung meistens bei. Es muss also immer genau nach den Ursachen geforscht und hier angesetzt werden. Da auch bei einer ursprünglichen Unterversorgung mit Nährstoffen, die den Hund zum Kotfressen verleitet hat, immer Lernprozesse eine Rolle spielen, muss dieses Verhalten unabhängig von der Grundursache anschließend eigenständig wieder verlernt bzw. durch ein Alternativverhalten ersetzt werden.

Das Futter sollte von einem Tierarzt oder speziell ausgebildeten Hundeernährungsberater überprüft werden. Ist das Futter nicht optimal, muss es entsprechend den Bedürfnissen des Hundes angepasst werden. Nach erfolgter Futterumstellung kann gezielt daran gearbeitet werden, evtl. entstandene Rituale und Gewohnheiten des Hundes zu verändern.

Überforderung
Bei Hunden, die im Hundesport sehr große Leistungen erbringen müssen, kann es vorkommen, dass sie nach einem anstrengenden Training oder Wettkampf so hungrig sind, dass sie alles fressen, auch ihren eigenen Kot oder den Kot ihrer Artgenossen. Das gilt insbesondere dann, wenn der Hund nicht bedarfsgerecht ernährt wird, also für das, was er leisten muss, zu wenig Futter erhält.
Überforderung ist nicht nur ein großer Stressfaktor, sondern birgt auch ein erhebliches Verletzungsrisiko. Bei Hunden, die große Leistungen erbringen müssen, muss die Fütterung optimiert werden, d. h. sowohl die Menge als auch die Qualität müssen den Bedürfnissen des Hundes angepasst werden. Neben einer gründlichen tierärztlichen Untersuchung, müssen die Lebens- und Trainingsbedingungen des Hundes analysiert und gemäß den Möglichkeiten des Hundes, verändert werden. Auch hier ist das Staubsaugerverhalten nur ein Symptom, das nicht beeinflusst werden kann, solange die Lebensbedingungen des Hundes nicht zum Positiven verändert werden.

Lernen am Modell
Leben mehrere Hunde zusammen, so kann es vorkommen, dass ein Hund mit dem Kotfressen anfängt und die anderen Hunde es ihm einfach nachmachen. Diese Gefahr ist vor allem bei

Welpen sehr hoch. Aber auch bei erwachsenen Hunden kann es zu einem Imitieren des unerwünschten Verhaltens kommen, wenn z. B. der Hund, der häufig Kot frisst, deshalb sehr viel mehr Aufmerksamkeit bekommt, als die anderen Hunde. Deshalb sollte man mit dem betroffenen Hund alleine spazieren gehen, damit sich die anderen das Verhalten nicht auch noch angewöhnen.

Territoriales Verhalten
Einige Theorien besagen, dass sehr territorial veranlagte Hunde ihr eigenes Revier sehr gründlich mit Kot und Urin markieren. Zu dem eigenen Revier gehören oft nicht nur Haus und Garten, sondern auch die Spazierwege rundherum, die häufig benutzt werden. Da Kot dazu dient, das Revier zu kennzeichnen und Rivalen mitzuteilen, dass sie dort »nichts zu suchen haben«, kann es sein, dass ein Hund den Kot anderer Hunde frisst, also beseitigt, weil er keine fremden Markierungen in seinem Revier duldet. Territoriales Verhalten ist ein ganz normales Hundeverhalten, das genetisch determiniert ist. Je nach Vorerfahrungen und Rassedisposition des Hundes, kann es unterschiedlich stark ausgeprägt auftreten. Das Training muss erst einmal hier ansetzen und erst im Anschluss kann das Nichtfressen von Kot trainiert werden.

Überforderung im Sport in Kombination mit falschem oder zu wenig Futter, ist nicht nur ein Stressfaktor, sondern führt auch häufig dazu, dass der Hund alles frisst, was er findet.

Verschiedene psychische Ursachen bzw. Verhaltensstörungen

Das Fressen von Kot kann als Symptom von unterschiedlichen Verhaltensproblemen auftreten. Hierbei handelt es sich häufig um so genannte Übersprungshandlungen. Das bedeutet, der Hund befindet sich in einem inneren Konflikt, kann sich also nicht zwischen zwei sich gegenseitig ausschließenden Verhaltensweisen entscheiden.

Es ist ein ausführliches Anamnesegespräch mit dem Halter nötig, um einen individuellen Therapieplan erstellen zu können. Als Erstes muss die vorherrschende Verhaltensstörung therapiert werden, da das Fressen von ungenießbaren Dingen nur ein Symptom dieser Störung ist. Es ist möglich, dass das unerwünschte Fressen von ungenießbaren Dingen dadurch von selbst verschwindet. Bleibt es bestehen, kann erst dann, wenn das eigentliche Problemverhalten therapiert wurde, mit einem Training gegen dieses Fressverhalten begonnen werden.

Der Hund hat eine besondere Vorliebe für Dinge, die für ihn gefährlich bzw. gesundheitsschädlich sein können.
Wichtig ist es hier, die »Objekte der Begierde« so aufzubewahren, dass der Hund sie nicht erreichen kann. Der Hund soll also andere, für ihn geeignete Spielzeuge und Kauknochen bekommen. Eine gute Möglichkeit ist auch, dass der Hund sein Futter nicht mehr aus dem Napf bekommt, sondern sich Trockenfutter z. B. mit einem Futterball erarbeiten darf. Auch auf Spaziergängen ist es wichtig, den Hund genügend zu beschäftigen und auszulasten, damit er weniger Zeit dafür hat, sich ungeeignetes »Futter« zu suchen. Der Halter muss für seinen Hund interessanter werden als alles andere. Es

ist alles erlaubt, was beiden Spaß macht. So lernt der Hund, dass es sich immer lohnt, nach seinem Menschen zu schauen bzw. zu diesem zu kommen, weil dort immer etwas Tolles passieren könnte. Gleichzeitig hat er so weniger Zeit, Dinge zu fressen.

Der Mensch wird für den Hund außerdem viel interessanter, wenn er sein Lauftempo verändert, also z. B. einfach einmal loslaufen und den Hund einladen, mitzukommen.
Jagd nach »Futter« kann auch mit dem Menschen Spaß machen. Da die meisten Hunde sehr gerne dem Duft von »Fressbarem« nachgehen, können gezielt Fährten gelegt werden, die der Hund dann gemeinsam mit seinem Menschen, verfolgen darf, und an deren Ende eine Überraschung auf ihn wartet.
Eine weitere Möglichkeit ist es, dem Hund das Suchen von bestimmten Dingen oder Futter gezielt beizubringen.

Trainingsaufbau:
- Am besten wird zu Hause damit begonnen, indem einige Futterstücke in einem Handtuch, unter einem Kissen oder Teppich versteckt werden.
- Ist das Futter versteckt, wird der Hund gerufen und für sein Kommen belohnt. Möchte er sofort an das Versteck, wird er unterbrochen und zurückgerufen bzw. -geschickt.
- Wenn der Hund sich noch nicht beherrschen kann, findet das Training erst einmal an der Leine statt, damit der Hund sicher zurückgeholt werden kann.
- Lässt der Hund von der »Beute« ab und kommt zu seinem Menschen, muss er mit etwas Besonderem belohnt werden!

Das »Ausbuddeln« von Futter aus einem Handtuch ist der erste Trainingsschritt.

Schafft der Hund es, nicht sofort zu dem Futterversteck zu laufen, gibt es eine Superbelohnung.

- Sofort danach wird er zu dem Handtuch, Teppich etc. geschickt und erhält das Kommando »Such«.
- Wenn der Hund in der Wohnung sowohl nach dem Futter suchen, als auch auf das Signal hin davon ablassen kann, kann dieses Training auch auf den Spaziergängen weiter ausgebaut werden.
- Sie können hin und wieder etwas verstecken oder »verlieren« und den Hund auf die Suche schicken. Auch hier kann das Abbruchkommando geübt werden. Der Hund erhält die tollsten Leckerli, die es für ihn gibt, wenn er von der Spur ablässt und zu seinem Menschen kommt.

Ganz wichtig bei diesem Training ist Folgendes: Der Hund soll nicht nur dann gerufen werden, wenn der Halter etwas gesehen hat, was der Hund evtl. fressen könnte, sondern immer wieder während dem ganzen Spaziergang. Kommt der Hund freudig, wird er mit einem Spiel, einer Futterbelohnung etc. dafür gelobt.

Einen Profifutterschnüffler und -sammler bzw. »Staubsauger« hält man damit zwar nicht völlig vom Suchen und Fressen von »Fressbarem« ab, aber der Hund wird immer wieder zu seinem Menschen kommen bzw. schauen und auf

Als zweite Belohnung wird der Hund sofort frei gegeben und darf das Futter suchen.

Für das Training draußen eignet sich der Futterbeutel sehr gut.

dessen Signale reagieren. Er weiß, dass bei ihm jederzeit etwas ganz Tolles passieren kann. Im Zweifelsfall, wenn der Hund das »Futter« direkt vor der Nase hat, und sein Mensch noch dazu einige Meter entfernt ist, wird er es zwar häufig trotzdem fressen, aber je mehr sich der Halter mit dem Hund beschäftigt, desto höher ist die Wahrscheinlichkeit, dass er ein Stück Wurst, das in einem Feld oder Gebüsch liegt, gar nicht sieht.

Gefahren

Der Hund kann sich über den Kot anderer Tiere mit Parasiten und Krankheitserregern infizieren.

Beim Fressen von Pferdeäpfeln besteht bei Rassen mit dem MDR1-Gen-Defekt die Gefahr, dass sie den für sie lebensgefährlichen Wirkstoff Ivermectin aufnehmen, der in einigen Entwurmungsmitteln enthalten ist. Hiervon sind u. a. folgende Rassen betroffen: Collie, Border Collie, Bobtail, Australian Shepherd und Schäferhund. Beim Fressen von Menschenkot besteht die Gefahr, neben Krankheitserregern auch Restbestandteile von Medikamenten aufzunehmen, die für ihn sehr gefährlich werden können.

Ivermectin und betroffene Hunde
Bei betroffenen Hunden liegt eine Mutation des

Proteins P-gp vor. In einigen Fällen fehlt dieses Protein auch vollkommen. Der MDR1-Transport ist wesentlich dafür verantwortlich, dass die so genannte Blut-Hirn-Schranke fehlerfrei funktioniert. Diese Schranke fungiert quasi als »Türsteher« des Gehirns und lässt nur für das Gehirn ungefährliche Stoffe passieren. Dieselbe Funktion erfüllt das Protein in Darm, Leber und Niere und verhindert damit eine Vergiftung der Zellen durch schädliche Bestandteile im Blut. Wirkt diese Schutzfunktion nicht, gelangen giftige Medikamente in hoher Konzentration ins Gehirn. Neben Symptomen wie Erbrechen,

Durchfall und allgemeinem Unwohlsein, die auf einen verdorbenen Magen hindeuten, sind nicht selten gefährliche Vergiftungen die Folge des Staubsaugerverhaltens des Hundes.

Anzeichen einer Vergiftung
Mögliche Auslöser einer Vergiftung sind z. B. Frostschutzmittel, Haushaltsreiniger, Düngemittel, Rattengift oder Schneckenkorn.

Symptome für eine Vergiftung
• blasse Schleimhäute
• starke Unruhe

Ein weiterer Vorteil des Futterbeutels ist der, dass der Hund seine Beute zuerst zu seinem Menschen bringen muss, wenn er davon fressen möchte.

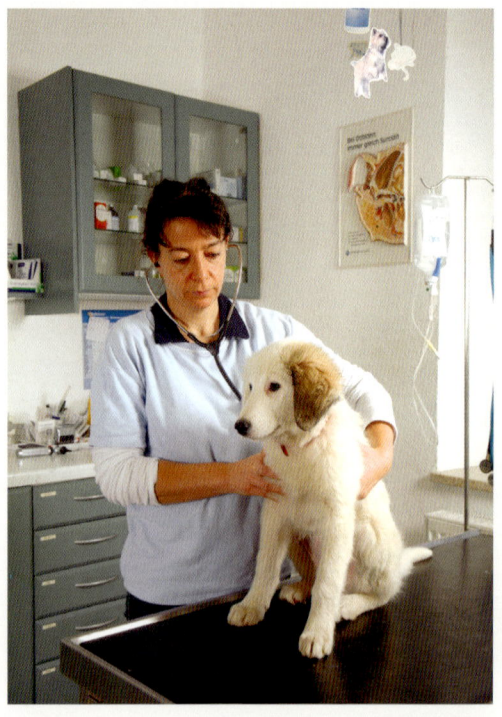

Bei jedem Verdacht, dass der Hund etwas Verdorbenes oder gar Giftiges gefressen haben könnte, sollte er schnellstmöglich einem Tierarzt vorgestellt werden.

Auch das Essen der Menschenfamilie ist für Hunde nicht immer ungefährlich.

- Erbrechen
- Krampfanfälle
- sichtbare Bauchschmerzen durch einen nach oben gewölbten Rücken
- stark gesunkene Körpertemperatur
- blutiger Urin
- Durchfall (blutiger)
- Zittern
- beschleunigter oder stark erniedrigter Puls
- unregelmäßiger Puls
- stark vergrößerte oder verkleinerte Pupillen
- Lähmungserscheinungen
- Apathie
- Bewusstlosigkeit

Symptome eines verdorbenen Magens

Hat der Hund sich überfressen oder etwas erwischt, was ihm nicht bekommen ist, sind folgende Symptome möglich:

- Durchfall
- sehr harter Kot
- blutiger oder schleimiger Kot
- Erbrechen
- Blähungen
- Futterverweigerung
- sichtbare Bauchschmerzen mit nach oben gewölbtem Rücken
- Apathie

Der Collie gehört zu den häufig von dem MDR1 Gen-Defekt betroffenen Rassen.

Bei allen Anzeichen von starkem Unwohlsein
oder gar Vergiftung muss ein Tierarzt konsultiert
werden.

Papier kann weder verdaut, noch anderweitig verwertet werden.

Das Fressen von
Fremdkörpern

Das als Pica bezeichnete Verhalten ist eine Essstörung, bei der Dinge gegessen werden, die allgemein als ungenießbar oder auch ekelerregend angesehen werden.
Es werden also Dinge gegessen, die nicht für den Verzehr gedacht sind, wie z. B. Steine, Erde, Kalk, Lehm, Papier, Teile von Pflanzen, Holz, Staub, Müll, Asche, Stoff, Wolle, Teppiche etc.

Die genannten Dinge können nicht verdaut werden und stellen somit Fremdkörper im Magen-Darm-Trakt dar. Im günstigsten Fall werden die Dinge ganz oder in Teilen auf natürlichem Weg wieder ausgeschieden. Es kann aber auch zu einem Darmverschluss oder zu schweren inneren Verletzungen kommen, wenn spitze Gegenstände die Magen- oder Darmwand verletzen. In beiden Fällen kann der Gegenstand nur operativ entfernt werden.

Frisst ein Hund häufig bzw. hauptsächlich ungenießbare Dinge, kann es zu einer Unterversorgung mit Nährstoffen und einem deutlichen Gewichtsverlust kommen.

In Erde, Lehm, Asche etc. können Bakterien und andere Krankheitserreger enthalten sein, die der Hund mit aufnimmt.

Entstehungsursachen

Nährstoffmangel

Ist die Ernährung eines Hundes nicht ausgewogen, versucht er vielleicht, sich die fehlenden Stoffe anderweitig zu beschaffen.

Ein Beispiel hierfür ist das Fressen von Gras oder anderen Pflanzen.

Es ist möglich, dass bestimmte Stoffe, die z. B. in Plastik enthalten sind, dem Hund einfach schmecken, aber auch, dass er sie frisst, weil sie nach seinem Menschen riechen.

Organische Ursachen

Hat ein Hund Schmerzen, so kann es sein, dass ihm das Kauen bzw. Schlucken bestimmter Gegenstände Linderung verschafft.

Beispiele:
- Zahnwechsel bei jungen Hunden
- Zahnschmerzen
- Mandelentzündung
- Magenschleimhautentzündung (Gastritis)

Zwangshandlungen und stereotype Verhaltensweisen

Je schwerer die Zwangsstörung ausgeprägt ist, desto mehr Zeit verbringt der Hund damit, sie auszuführen. Es liegt keinerlei Anpassung des Verhaltens an die Umwelt vor. Selbst dann, wenn die Verhaltensweisen zur Situation passen, werden sie übertrieben häufig wiederholt.

Am häufigsten können Zwangshandlungen den Funktionskreisen »Fellpflege«, »Jagdverhalten«, »Nahrungsaufnahme« und »Bewegungen allgemein« zugeordnet werden.

Da sich Zwangshandlungen sehr schnell zu Ritualen entwickeln, ohne die der Hund nicht mehr leben kann, ist ihr Ablauf immer derselbe. In diesem Fall unterscheidet der Hund dann häufig nicht mehr, was er frisst, sondern sammelt ziellos alles auf, was irgendwo herumliegt. Je schlimmer die Störung, desto schwerer wird es, den Hund zu unterbrechen. Sollte das doch einmal gelingen, kehrt der Hund sofort wieder zu seiner Zwangshandlung zurück, sobald er z. B. losgelassen wird oder angebotenes (Ersatz-)Futter aufgegessen hat. Wichtig ist, dass das wahllose Fressen von ungenießbaren Dingen nur ein Symptom der zu Grunde liegenden Zwangsstörung bzw. Stereotypie ist. Die Therapie muss immer am Ursprung des unerwünschten Verhaltens ansetzen. Ist die zu Grunde liegende Hauptverhaltensstörung erkannt und kann durch eine Therapie beeinflusst werden, verschwindet das unerwünschte Fressverhalten entweder von selbst oder aber kann erst jetzt mit Hilfe eines geeigneten Trainings und verbesserter Haltungsbedingungen verändert werden.

Ist das stereotype Verhalten schon zu einem Dauerritual geworden, fällt der Hund trotz Training und Veränderung der Lebensbedingungen häufig – mehr oder weniger stark – wieder in sein altes Verhalten zurück.

Es ist nicht möglich, immer zu erkennen bzw. zu verhindern, dass der Hund auf dem Spaziergang etwas findet und frisst.

Wie lernt der Hund, dass er **nicht alles fressen darf,** was er findet?

Bevor an eine Verhaltenstherapie gedacht wird, muss der Hund einem Tierarzt vorgestellt werden, damit evtl. vorliegende organische Ursachen ausgeschlossen oder behandelt werden können. Bestimmte Dinge im Haus, die für den Hund zwar attraktiv, aber nicht geeignet sind, müssen konsequent so untergebracht werden, dass der Hund sie nicht mehr erreichen kann. Bei Welpen muss darauf geachtet werden, dass sie nichts fressen, was gefährlich für sie werden könnte, und gleichzeitig sollte mit einem Training begonnen werden, bei dem der Hund lernt, dass er

- auf Signal Dinge ausspuckt, die er im Mund hat.
- nicht alles aufsammelt, was er findet.
- seinen Menschen spannender findet, als alles andere, weil dieser sowieso das beste Futter immer dabei hat.

Grundsätzliches

Grundsätzlich ist es eine Wunschvorstellung, dass ein Hund überhaupt nichts frisst, was er draußen findet. Auch mit dem besten Training kann man nicht erreichen, dass der Hund wirklich nichts frisst, was er findet und was ihm nicht vorher erlaubt wurde.

Ein wichtiger Grund hierfür ist die Tatsache der intermittierenden Belohnung. Hierunter versteht man ein Zufallsprinzip, bei dem nicht jedes Verhalten belohnt wird, aber jeder nächste Versuch sich lohnen könnte. Ein Beispiel aus unserer Welt ist das Lottospielen oder das Glücksspiel an Automaten. Es ist ziemlich unwahrscheinlich, dass der erste Versuch überhaupt gewinnt, und falls doch, dann wird ziemlich sicher nicht der Jackpot geknackt. Fällt

dann ein kleiner Gewinn ab, ist es ebenfalls unwahrscheinlich, dass der nächste Versuch ebenfalls erfolgreich sein wird. Die meisten Menschen spielen trotzdem weiterhin Lotto, denn »bei jedem nächsten Mal« könnte wieder ein Gewinn winken.

Genauso verhält es sich beim Hund. Der Mensch kann unmöglich immer mitbekommen, wenn der Hund beim Schnüffeln etwas aufnimmt. Der Hund läuft auch nicht immer nur unmittelbar neben seinem Menschen, sondern zieht seine Kreise um ihn, spielt mit anderen Hunden etc. Der Mensch kann also nicht immer erkennen, ob der Hund gerade etwas frisst oder sich nur etwas ansieht. Auch wenn der Mensch sehen kann, wie der Hund einige Meter entfernt etwas frisst, kann er es in den meisten Fällen nicht verhindern. Selbst wenn der Mensch in vielen Fällen verhindern kann, dass der Hund gefundene Dinge frisst, so gibt es für den Hund doch immer eine Chance, dass es beim nächsten Mal vielleicht doch klappen und er seine Beute behalten könnte. Der Hund hat also keinen Grund, sein Verhalten für immer aufzugeben. Lernprozesse, die mit Hilfe einer intermittierenden Belohnung aufgebaut bzw. verstärkt werden, sind immer besonders löschungsresistent.

Verschiedene Trainingsmethoden im Vergleich

Bei allen Methoden gilt, dass sie zwar funktionieren können, aber nicht jeder Hund auf jede Methode reagiert. Es muss also immer individuell herausgefunden werden, womit der eigene Hund am besten zu motivieren ist, und welche Art von Training seinen bisherigen Erfahrungen und seinem Charakter am ehesten entspricht.

Was für einen Hund die optimale Trainingsmethode ist, kann beim anderen überhaupt nicht funktionieren.

Wie bei allen anderen antrainierten Verhaltensweisen auch, nutzen sich Signale und Konsequenzen sehr schnell ab, wenn sie nicht befolgt werden bzw. zuverlässig und jedes Mal auf das Verhalten folgen. Das bedeutet: Kann sich der Hund häufig dem Abbruchsignal des Menschen entziehen oder gelingt es ihm oft, die »Beute« doch zu fressen, dann liegt wieder das Problem der intermittierenden Belohnung vor. Das unerwünschte Verhalten wird nur umso löschungsresistenter aufrecht erhalten! Es werden die beiden Prinzipien der klassischen und der operanten Konditionierung, angewandt.

Klassische Konditionierung
Die klassische Konditionierung arbeitet nach dem Prinzip des Assoziationslernens.

Es wird eine neue Verbindung zwischen einem
- natürlichen Reiz und seiner natürlichen Reaktion darauf und
- dem natürlichen Reiz und einem anderen – bis dahin neutralen Reiz – hergestellt.

Das wohl bekannteste Beispiel der klassischen Konditionierung ist das Hundeexperiment von Iwan Petrowitsch Pawlow (1849–1936).

Pawlow zeigte seinen Hunden die gefüllte Futterschüssel, und als natürliche Reaktion darauf, fingen die Hunde an zu speicheln. Nach einigen Wiederholungen fingen die Hunde schon zu speicheln an, wenn sie mitbekamen, dass ihr Futter vorbereitet wurde. Zeitgleich bzw. minimal vor dem Zeigen bzw. Hinstellen der vollen Futterschüssel, ließ Pawlow einen Glockenton erklingen. Nach mehreren Wiederholungen dieser Paarung, also Futter mit Glockenton, hat der Glockenton dieselbe Bedeutung erlangt, wie das Futter. Hörten die Hunde den Glockenton, fingen sie an zu speicheln, und das auch dann, wenn in dem Moment kein Futter angeboten wurde. Der ursprünglich neutrale Reiz ist zu einem bedingten Reiz geworden. Wir sprechen hier von einem konditionierten Stimulus (bedingter Reiz) und einer konditionierten (bedingten) Reaktion.

Der Aspekt der zeitlichen Paarung der beiden Reize
Es ist sehr wichtig, dass beide Reize zeitgleich oder zumindest in sehr kurzem Abstand zueinander präsentiert werden. Der neutrale Reiz muss während des Lernprozesses immer gemeinsam mit dem natürlichen Reiz auftreten, damit eine Verknüpfung entstehen kann.

Verschiedene Paarungsmöglichkeiten
- Der konditionierte Reiz beginnt kurz vor dem natürlichen Reiz oder beide Reize werden gleichzeitig dargeboten.

Wird das Futter an den Pfeifton gekoppelt, löst die Pfeife dieselbe Reaktion aus wie das Futter.

- Diese Paarung ist am erfolgreichsten und wird am schnellsten gelernt.
- Für unser Training würde das bedeuten, dass der Hund etwas Fressbares am Wegrand entdeckt hat und genau im selben Moment, in dem der Hund das »Futter« sieht, bekommt er von seinem Menschen das Abbruchsignal und das Signal dafür, ein Alternativverhalten zu zeigen, für das er belohnt wird.
- Der Abstand zwischen dem konditionierten und dem natürlichen Reiz ist etwas größer.
  - Diese Paarung führt noch zum Ziel, allerdings dauert es länger, bis die Verknüpfung gelernt wird.
  - Für unser Training würde das bedeuten, dass der Halter weiß, dass an einer bestimmten Stelle Futter liegt (weil er es z. B. selbst dort deponiert hat), und dem Hund das Signal bereits einige Sekunden vorher gibt, bevor der Hund das »Futter« entdeckt hat.
- Der konditionierte (neutrale) Reiz wird erst nach dem natürlichen Reiz dargeboten. Man spricht hier auch von Rückwärtskonditionierung.
  - Diese Paarung führt nur nach sehr vielen Wiederholungen zum Ziel und wird in der Mehrzahl der Fälle gar nicht gelernt.
  - Für unser Training würde das bedeuten, dass der Hund bereits auf dem Weg zu dem »Futter« ist oder es sogar schon im Maul hat, und erst dann versucht der Halter, den

Der Erfolg des Trainings hängt maßgeblich von einem guten Timing des Halters ab.

Hund zu unterbrechen und das Signal für ein Alternativverhalten zu geben.

In unserem Training ist es also sehr wichtig, dass das Timing des Halters optimal eingesetzt wird. Nur so kann der Hund lernen, was er nicht machen soll und welche Reaktion der Halter stattdessen gerne von ihm hätte. Wird das Signal zu früh gegeben, also bevor der Hund weiß, dass es als Alternative zu »Staubsauger spielen« gedacht ist, dann kann der Hund die Verbindung zwischen »gefundenes Futter« und »Alternativverhalten« nicht erkennen. Er wird zwar evtl. das Signal befolgen und auch die Belohnung dafür gerne annehmen, allerdings ist das nicht im Sinne der klassischen Konditionierung. Wurde die klassische Konditionierung korrekt aufgebaut, funktioniert sie quasi wie ein Reflex. Das würde bedeuten, der Halter muss sich keine Sorgen mehr um »Futter« am Wegesrand machen, weil der Hund von sich aus danach sucht und es dem Menschen »melden« wird. Kommt das Signal zu spät, wird der Hund in den meisten Fällen die Möglichkeit haben, das »Futter« zu fressen bzw. sich sehr genau zu überlegen, ob er das schon greifbare Futter gegen ein anderes, evtl. nicht ganz so tolles, Futter eintauscht. Hier wird deutlich, warum die Kombination »Futter« und ein erst darauf folgendes »Signal für ein Alternativverhalten« so problematisch ist. Der Hund hat das »Futter« bereits nicht nur gesehen, sondern sich auch dazu entschieden, es zu fressen bzw. ist sehr eindeutig auf dem Weg dorthin. Diese – evolutionsgeschichtlich gesehen – lebenserhaltende Entscheidung steht nun in Konkurrenz mit dem Abbruchsignal bzw. Alternativverhalten.

Biologischer Sinn der klassischen Konditionierung

Die klassische Konditionierung hat den Sinn, dass Gefahren frühzeitig angekündigt werden und rechtzeitig darauf reagiert werden kann. Es ist nicht nötig, dass jedes Tier jede Erfahrung selbst macht. Viele Reaktionen sind während der Evolution entstanden, und die Individuen, die sich in Gefahrensituationen richtig verhalten haben, haben überlebt. Die konditionierte Reaktion ist nicht dem Willen unterworfen, sondern wird durch den Auslösereiz automatisch ausgelöst. Ich wage zwar zu behaupten, dass ein Hund auch nach mehr als 2 Sekunden noch weiß, warum er gelobt oder bestraft wird, aber das hat nichts mehr mit Konditionierung zu tun. Reagiert der Hund auf den Auslöser, wegen dem er geschimpft wurde, auf die gewünschte Art und Weise, dann ist diese Entscheidung seinem Willen unterworfen und erfolgt nicht automatisch. Sie ist also weit weniger stabil als eine Konditionierung.

In unserem Training ist diese Tatsache sehr hilfreich. Wurde das Signal/Alternativverhalten richtig aufgebaut, denkt der Hund nicht erst darüber nach, ob er nicht doch vielleicht lieber das »Futter« fressen möchte, sondern es wird das von uns gewünschte »Programm« im Gehirn des Hundes gestartet.

Reizgeneralisierung

Die Reaktion, die durch einen konditionierten Reiz ausgelöst wird, kann auch durch Reize ausgelöst werden, die diesem sehr ähnlich sind. Je mehr ein Reiz dem konditionierten Reiz ähnelt, desto stärker fällt die Reaktion aus. Ein großes Problem stellt diese Lernform bei Reizen wie z. B. Geräuschen dar, vor denen ein Hund Angst hat. Wird nicht sofort reagiert, kommt es häufig vor, dass der Hund nach kurzer Zeit nicht mehr nur auf den Schuss eines Gewehrs panisch reagiert, sondern auch auf das Herunterfallen eines Löffels o.Ä.

Beim Training mit Fressbarem können wir uns diese Generalisierung aber zu Nutze machen. Es kommt dann wirklich immer häufiger vor, dass der Hund auf »Fressbares« in der erwünschten Art und Weise reagiert.

Die Erklärung hierfür ist das so genannte doppelte Bewertungssystem des Gehirns. Die erste Station für Außenreize ist immer das Limbische System und hier im Besonderen der Hippocampus und die Amygdala. Die Amygdala ist für alle Emotionen, ob nun positive oder negative, zuständig. Mit jedem Mal, wenn ein Reiz in der Amygdala eine Emotion auslöst, wird diese mit dem Reiz verknüpft und entsprechend abgespeichert. Hat der Hund also etwas gefunden und gefressen, so sind damit positive Gefühle verbunden. Vorausgesetzt natürlich, die »Beute« war genießbar. Dazu kommt, dass die Amygdala durch jede Konfrontation mit einem Reiz, der ähnliche Gefühle auslöst, sensibler wird. Das bedeutet, sie reagiert immer schneller auf vergleichbare Außenreize, und die Stärke der Reize, die das positive Gefühl hervorrufen und das dazu gehörige Verhalten auslösen, können immer unauffälliger werden. Hat ein Hund nun mehrere Situationen mit den positiven Gefühlen des Fressens verknüpft, dann ist die Amygdala in einer ständigen »Hab-Acht-Stellung« und reagiert auf jeden möglichen Auslöser sofort.

Ein Beispiel ist ein Hund, der in seinem Zuhause einmal zufällig einen Leckerbissen wie z. B. eine Wurst gefunden hat. Dieser Hund wird ab diesem Zeitpunkt immer damit rechnen, dass ein Stück Wurst oder anderes Fressbares herumliegt. Eventuell wird er auch gezielt danach suchen oder Essen vom Tisch klauen. Genauso verhält es sich auch auf dem Spaziergang. Ein Hund, der niemals draußen etwas zu Fressen findet, wird nicht damit rechnen und deshalb nicht gezielt danach suchen. Hat ein Hund aber ein- oder mehrmals etwas gefunden, wird er in dieser und ähnlichen Umgebungen und schließlich auf jedem Spaziergang immer nach »Fressbarem« suchen. Seine Erfolgsquote wird sich damit sehr schnell steigern und der Hund sich in seinem Verhalten bestätigt fühlen.

Das limbische System, und hier allen voran die Amygdala, ist aber nur »die halbe Miete«. Die Großhirnrinde ist sozusagen die Festplatte des Gehirns. Sie nimmt Informationen auf und speichert sie mit ihrer emotionalen Bedeutung dauerhaft ab. Wenn wir jetzt wissen, dass jede Emotion ein dazu passendes Verhalten des Hundes auslöst, so wird verständlich, warum das Suchen und Fressen von gefundenem »Futter« immer mehr automatisiert wird. Dazu kommt, dass die Amygdala sich keine detailgenauen Bilder merken kann, sondern nur deren Umrisse und ungefähren Eigenschaften. Genau aus diesem Grund weitet sich das »Beuteschema« des Hundes immer weiter aus.

Wenn es nun gelingt, dass der Hund in Gegenwart von Futter ansprechbar wird und das durch klassische Konditionierung aufgebaute Signal zu ihm »durchdringt«, dann muss er seinen hohen Erregungszustand, der durch die ständige Suche nach »Futter« aufrecht erhalten wird, kurz aufgeben. Genau in diesem

Hat ein Hund draußen noch nie etwas »Fressbares« gefunden, wird er ein Stück Wurst zwar fressen, wenn diese genau vor ihm auftaucht, aber noch nicht gezielt die gesamte Umgebung nach »Futter« absuchen.

Moment wird die in der Amygdala gespeicherte Information an die Großhirnrinde weitergeleitet. Das durch die klassische Konditionierung aufgebaute Signal ist nicht dem Willen unterworfen und wird reflexartig ausgelöst. Die Arbeitsweise und Speicherfunktion des Gehirns wird dadurch aber in keiner Weise beeinflusst. Das Gehirn verknüpft »Futter« mit dem Signal des Menschen und macht den Hund damit ansprechbar und empfänglich für ein Alternativverhalten. Wird der Hund dafür von seinem Menschen belohnt, dann führt das nicht nur zu positiven Gefühlen, sondern auch dazu, dass der Hund sich entspannt und genau diese Information an die Großhirnrinde weiterleitet.

Lautet die an die Großhirnrinde weitergeleitete Information nun: »Suche nach Futter, aber friss es nicht, sondern zeige es deinem Menschen an und erhalte dafür eine Superbelohnung!«, dann generalisiert sich auch diese Information sehr schnell und wird nicht nur für das »Trainingsfutter«, sondern für alles vom Hund als fressbar Eingeordnete angewandt.

Extinktion = Löschung der Konditionierung
Werden der konditionierte Reiz, also das
Wort- oder sonstige Signal des Halters, und der
natürliche Reiz, also das Futter, nicht mehr
zeitgleich miteinander angeboten, so verliert der
konditionierte Reiz seine Funktion. Das konditionierte Verhalten wurde gelöscht. Bei dieser
Löschung wird das gelernte Verhalten nicht
einfach vergessen, sondern es wird nur nicht
mehr gezeigt, weil der konditionierte Reiz
nicht mehr dieselbe Funktion erfüllt, wie der
natürliche Reiz. Werden beide Reize wieder
gemeinsam dargeboten, wird das Verhalten sehr
viel schneller wieder gezeigt als beim ersten
Lernvorgang. Der Hund erinnert sich also an die
frühere Verknüpfung und aktiviert sie wieder.

Diese Löschungsmöglichkeit macht deutlich,
dass jedes »Antistaubsauger-Training« ein
Hundeleben lang weitergeführt werden muss.
Die Erklärung hierfür ist nicht ganz so nahelie-
gend. Die natürliche Bedeutung bzw. Konsequenz von gefundenem »Futter« ist für jeden
Hund das Fressen der Beute. Möchten wir diese
natürliche Konsequenz nun verändern, dann
koppeln wir das Auftauchen der Beute an ein
für den Hund erst einmal nicht natürliches bzw.
logisches Verhalten. Denn wenn der Hund von
gefundenem Futter weggeht, anstatt es zu
fressen, würde er in freier Wildbahn sehr
schnell verhungern. Dieses Alternativverhalten
ist allerdings wiederum an das ursprünglich
natürliche Verhalten, nämlich Fressen, gebun-

Welches Verhalten ein Stück »Futter« beim Hund auslöst, ist dem Gehirn vollkommen egal und abhängig von den bisher gemachten Erfahrungen.

den. Erhält der Hund nun von seinem Menschen keine hochwertige Belohnung mehr für sein Alternativverhalten, dann wird er sehr schnell wieder dazu übergehen, gefundenes »Futter« zu fressen.

Spontanremission

Auch wenn die beiden Reize, also das trainierte Alternativverhalten beim Anblick von »Futter« und die darauf folgende Superbelohnung, lange Zeit nicht mehr gemeinsam dargeboten wurden, und der konditionierte Reiz sehr lange keinerlei Reaktion mehr auslöste, kann es vorkommen, dass der Hund plötzlich auf die Darbietung des konditionierten Reizes wieder mit der konditionierten Reaktion reagiert. Eine äußere Ursache für dieses erneute Auftreten kann meistens nicht gefunden werden. Die Reaktion hält einige Zeit an und nimmt dann wieder ab.

Zum einen ist es wichtig, dass wir uns nicht auf einmal erreichten Trainingserfolgen ausruhen, sondern kontinuierlich mit dem Hund üben. Wir müssen ihn immer wieder daran erinnern, was wir möchten bzw. nicht möchten. Genauso ist es auch mit der Belohnung, die der Hund bekommen muss, wenn er sich richtig verhält. Bleibt sie aus, wird er sich sehr schnell wieder für das gefundene »Futter« entscheiden.

Ebenfalls wichtig ist es aber auch, dass Rückschritte nicht gleich bedeuten, dass das gesamte Training umsonst war oder grobe Fehler gemacht wurden.

Operante Konditionierung

Durch die operante Konditionierung kann die Häufigkeit, mit der ein Verhalten gezeigt wird, verändert werden. Der Hund zeigt ein bewusstes aktives Verhalten gegenüber seiner Umwelt. Es erscheint im Gegensatz zur klassischen Konditionierung kein neuer Reiz, der mit einer natürlichen Reaktion in Verbindung gebracht wird. Das neue bzw. spontan gezeigte Verhalten wird mit der Verminderung bzw. Erfüllung eines Bedürfnisses in Verbindung gebracht. Der Lernprozess erfolgt demnach durch Versuch und Irrtum. Das Individuum zeigt spontan ein Verhalten und lernt anschließend aus den Konsequenzen, die dieses Verhalten hat.

Auf einen äußeren Reiz hin reagiert das Tier mit einer bestimmten Verhaltensweise. Das Verhalten kann:
- belohnt werden (positive Verstärkung), d. h. das Verhalten wird in Zukunft häufiger auftreten (bedingte Aktion).
- bestraft werden, d. h. das Verhalten wird in Zukunft seltener auftreten (bedingte Hemmung).

Es wird also ein zuerst neutraler Reiz mit einer bewussten Handlung in Verbindung gebracht (assoziiert). Wiederholen sich die Konsequenzen auf ein gezeigtes Verhalten mehrmals, so reicht am Ende das Auftreten des neutralen Reizes, um ein Verhalten hervorzurufen bzw. zu hemmen. Auf ein bestimmtes Verhalten sollte also immer sofort dieselbe positive oder negative Konsequenz folgen. Der Hund lernt umso schneller und nachhaltiger, umso kürzer der Zeitabstand zwischen dem gezeigten Verhalten und den Konsequenzen ist.

Für das unerwünschte Staubsaugerverhalten unserer Hunde bedeutet das nun, dass der Hund sein Verhalten an die darauf erfolgte Konsequenz anpassen wird.

Wird der Hund immer sofort gerufen, sobald er »Futter« sieht, und für das Kommen belohnt, führt der Anblick von etwas Fressbarem beim Hund bald dazu, dass er zu seinem Menschen läuft und sich dafür belohnen lässt.

Konkrete
Trainingsmöglichkeiten

Aufbau eines sicheren Rückrufsignals

Da die meisten Hunde in dem Moment, in dem sie etwas »Fressbares« in der Nase haben oder sehen können, weder ansprech- noch abrufbar sind, ist ein zuverlässiges Rückrufsignal unverzichtbar.

Meistens hat sich das bisher verwendete Rückrufsignal des Halters schon so abgenutzt, dass es für den Hund völlig bedeutungslos geworden ist. Der Halter muss dieses Signal also ganz neu aufbauen und dafür sorgen, dass der Hund sich nicht mehr entziehen kann, indem er nur noch angeleint spazieren geführt wird.

Solange der Hund nicht zuverlässig aus jeder Situation abrufbar ist, soll er nur noch an der Leine spazieren gehen.

Die Leine dient einerseits als Sicherheit, dass der Hund nicht weglaufen und Rückrufkommandos ignorieren kann, aber auch als Schutz davor, dass er nichts für ihn Gefährliches fressen kann. Mit jedem Mal, bei dem der Hund die Erfahrung macht, dass er Kommandos auch ignorieren kann, wird es schwieriger, ihn zum Gehorsam anzuleiten. Außerdem vermittelt ihm die Leine, wie weit er sich ungefähr entfernen darf bzw. welchen Radius er einhalten soll.

Damit das Signal auch wirklich reflexartig funktioniert und der Hund nicht erst darüber nachdenkt, ob er kommen möchte oder nicht, ist es empfehlenswert, dieses Signal mit Hilfe der klassischen Konditionierung aufzubauen.

Trainingsaufbau

- Am besten eignet sich hierfür eine Hundepfeife (eine auch für den Menschen hörbare). Trainieren Sie zuerst im ruhigen Zuhause mit Ihrem Hund.
- Stellen Sie sich direkt neben Ihren Hund und pfeifen Sie ein Mal.
- Zeitgleich erhält der Hund ein Stück Wurst oder eine andere sehr hochwertige Belohnung von Ihnen.
- Das wird so lange wiederholt, bis der Hund von sich aus erwartungsvoll zu Ihnen blickt und die Wurst erwartet, sobald er den Pfiff hört.
- Dann können Sie ein paar Schritte von ihm weggehen und pfeifen. (Der Hund darf vorher ruhig kurz mit seinem Namen angesprochen werden – das Signal für das Kommen, ist aber der Pfiff). Klappt das gut und er kommt auf den Pfiff zu Ihnen und erwartet sein Leckerli, dann können Sie in einen anderen Raum gehen und ihn von dort heranpfeifen.

- Der große Vorteil der Pfeife ist, dass sie nicht nur neu und noch nicht »abgenutzt« ist, sondern auch, dass sie bei allen Familienmitgliedern gleich klingt. Der Hund muss sich so also nur auf ein Signal einstellen. Die Pfeife wird außerdem nicht durch Emotionen beeinflusst, klingt also immer gleich.

Vorteile dieses Signals:
- Es klingt bei allen Familienmitgliedern gleich.
- Wird es nach dem Prinzip der klassischen Konditionierung aufgebaut, ist die Reaktion nicht dem freien Willen unterworfen, sondern läuft quasi »als Programm« ab.

Für den Trainingsaufbau werden nur eine Pfeife und sehr hochwertige Leckerlis benötigt.

Damit der Hund die Pfeife eindeutig mit der Superbelohnung verbindet, muss er das zuerst in ruhiger Umgebung lernen.

Hat der Hund verstanden, dass der Pfiff die Superbelohnung ankündigt, kann auch auf Spaziergängen geübt werden.

Nachteile dieses Signals:
- Beim Aufbau ist das richtige Timing unverzichtbar.
- Setzt sich der Hund mehrere Male über das Signal hinweg, d. h. er ignoriert es, nützt es sich ab und verliert seine Wirkung.
- Diente die Pfeife als bisheriges Rückrufsignal und hat der Hund dieses häufig nicht befolgt, ist die Pfeife wertlos geworden, hat sich also abgenutzt. In diesem Fall, muss ein anderes Signal gewählt und neu aufgebaut werden.

Spuck´ aus

Gemeint ist hier, dass der Hund das, was er gerade im Mund hat, sofort ausspuckt oder seinem Menschen in die Hand gibt.

Da dieses Signal lebensrettend sein kann, ist es auch hier empfehlenswert, es nach dem Prinzip der klassischen Konditionierung aufzubauen. Hierbei koppelt man nicht das gefundene Futter bzw. das, was der Hund gerade im Fang hat, an das Ausspucken, sondern das Signal »Spuck´ aus«, an eine sehr, sehr hochwertige Belohnung. Hierbei sollte es sich um etwas handeln, für das der Hund im wahrsten Sinne des Wortes, alles Andere stehen und liegen lässt. Das kann Wurst, Käse, gebratenes Fleisch oder aber auch ein besonders beliebtes Spielzeug sein.

Trainingsaufbau
- Nehmen Sie ein Stück der gewählten Superbelohnung in die Hand und zeigen es dem

Die Pfeife klingt immer gleich, egal wer aus der Menschenfamilie mit dem Hund trainiert.

Hund deutlich. Hiermit ist gemeint, dass Sie es ihm ruhig direkt vor die Nase halten. Der Hund wird das Futter haben wollen und fast automatisch seinen Fang öffnen.

- Genau in dem Moment, in dem der Hund den Fang öffnet, geben Sie Ihr Signal »Spuck' aus« und stecken dem Hund das Stück Futter in den Mund.
- Dieser Vorgang wird einige Male wiederholt.
- Nach ca. 20 Wiederholungen können Sie versuchen, das Signal zu geben und die Belohnung erst noch in der geschlossenen Hand zu behalten. Sieht Ihr Hund Sie erwartungsvoll an und öffnet den Fang, hat er verstanden, dass er auf das Signal hin seinen Fang öffnen soll und die Belohnung entgegennehmen kann.

- Nehmen Sie jetzt ein Spielzeug in die Hand und geben es dem Hund. Es sollte nicht unbedingt das Lieblingsspielzeug sein, das der Hund nicht freiwillig hergibt und für das er alles andere vergisst.
- Fassen Sie das Spielzeug an. Zeigen Sie dem Hund in der anderen Hand eine besondere Belohnung. Es muss etwas sein, das er sehr gerne mag und sonst nicht häufig bekommt. Hier eignen sich z. B. Wurst oder Käse.
- In dem Moment, in dem der Hund das Spielzeug los lässt, geben Sie Ihr Signal, also z. B. »Aus«, und geben ihm das Futter.
- Der Hund soll lernen, dass er seine Beute nicht einfach verliert, sondern sie gegen etwas viel Besseres eintauscht.

Vorteile dieser Methode:

- Der Hund muss zu seinem Menschen laufen, wenn er die Belohnung erhalten möchte. Also muss er sich von dem Objekt der Begierde weg- und zu seinem Menschen hinbewegen.
- Es wird kein Kampf mit dem Hund provoziert, da der Mensch dem Hund die »Beute« nicht einfach wegnimmt.
- Der Hund lernt, dass es sich lohnt, »Beute« abzugeben, weil sein Mensch etwas viel Besseres für ihn hat.
- Wird das Signal sorgfältig aufgebaut, dann assoziiert der Hund das Signal nicht damit, dass er seine eigentliche Beute abgibt, also verliert, sondern damit, dass er seinen Fang öffnet, um eine Superbelohnung zu bekommen.

Nachteile dieser Methode:

- Hat der Hund einmal verstanden, dass er seine eigentliche »Beute« verliert und nicht wieder zurückbekommt, kann es leicht sein, dass er sich auf das Tauschgeschäft nicht mehr bei jeder »Beute« einlässt.
- Gerade für »Giftköder« werden häufig Würstchen, Fleisch oder andere sehr beliebte Dinge verwendet. Findet der Hund jetzt ein Stück Wurst, so kann es leicht sein, dass er sich für dieses Stück und gegen das des Menschen entscheidet.
- Viele Hunde fressen auch erst einmal die »Beute« und würden dann hinterher auch noch das Futter ihres Menschen nehmen.

Setzt der Halter das Pfeifsignal häufig ein, ohne dass der Hund darauf reagiert, verliert es seine Bedeutung.

Als Belohnung eignet sich Futter, für das der Hund alles andere sofort vergisst.

Der Hund lernt, dass er seine Beute nicht einfach verliert, sondern sie nur gegen etwas anderes – sogar noch besseres – eintauscht.

Lässt der Hund seine »Beute« fallen, erhält er eine Belohnung.

- Ganz blöd ist es, wenn der Hund, für den Sie als Superbelohnung z. B. ein Stück Leberkäse gewählt haben, genau ein solches Stück Leberkäse am Wegrand findet. Hier wird er sich ziemlich sicher ohne zu überlegen für den Leberkäse am Wegrand entscheiden.

Damit die Nachteile gar nicht erst an Bedeutung gewinnen und der Hund die Erfahrung eines Verlusts macht, ist es empfehlenswert, das Signal schon beim Welpen (bei erwachsenen Hunden sofort nach der Übernahme) sorgfältig aufzubauen. Das bedeutet, dass der Hund das Signal nicht erst dann lernt, nachdem er auf Spaziergängen etwas fressen wollte oder gar schon ein- oder mehrmals gefressen hat. Das Signal soll bedeuten: »Öffne den Fang und schaffe damit die Voraussetzung dafür, die Superbelohnung in Empfang nehmen zu können.«

Nein

Der Hund soll lernen, dass er auf ein Signal hin von einer Sache ablässt, und das, was er gerade tut bzw. vor hatte zu tun, abbricht. Will heißen: »Hör mit dem, was Du gerade machst, sofort auf.«

Trainingsaufbau
- Nehmen Sie dazu am besten ein Stück Futter in die Hand und zeigen es dem Hund.
- In dem Moment, in dem der Hund sich dem Futter nähert, sagen Sie »Nein« und schließen sofort Ihre Hand.
- Wenn der Hund auf Ihr strenges »Nein« zurückweicht und Sie ansieht, bekommt er seine Belohnung aus der anderen Hand.
- Besser ist es, Sie trainieren das mit einer Hilfsperson. Die Hilfsperson hat dann das Futter in

ihrer Hand und zeigt es dem Hund. Möchte der Hund das Futter nehmen, sagen Sie laut »Nein« und die Hilfsperson verhindert, dass der Hund das Futter erreichen kann. Sie können jetzt den Hund zu sich rufen und belohnen.

- Wenn Sie das einige Male wiederholen, wird der Hund Sie bald fragend ansehen, von sich aus einen Bogen um das Futter machen, sich setzen.
- Genau in dem Moment geben Sie dem Hund ein besseres Stück Futter aus der anderen Hand.
- Der Hund soll also lernen: Das Signal »Nein« bedeutet, seine Aufmerksamkeit von dem, was gerade gesehen wird, abzuwenden und den Menschen anzusehen, zu ihm hinzugehen und eine Belohnung abzuholen.

Vorteile dieser Methode:

- Der Hund lernt, dass er sein Verhalten auf Signal unterbricht und sich seinem Menschen zuwendet.
- Wird das Signal nach den Gesetzen der klassischen Konditionierung aufgebaut, läuft es quasi »als Programm« ab und ist nicht dem freien Willen des Hundes unterworfen.
- Das Abbruchsignal ist mit den negativen Gefühlen der Enttäuschung und des Frustes verbunden, die sich sehr leicht generalisieren. Das bedeutet, das Signal kann auch auf andere Situationen übertragen werden.
- Folgt dem Abbruchsignal sofort ein Angebot für ein Alternativverhalten, so wird das

Ist das gefundene Futter attraktiver als die Belohnung des Menschen, fressen viele Hunde dieses, wenn sie die Möglichkeit dazu haben.

Möchte der Hund das Futter nehmen, gibt der Mensch sein Abbruchsignal und schließt die Hand.

Wendet der Hund sich von dem verbotenen Futter ab, bekommt er eine Belohnung aus der anderen Hand.

Hat der Hund verstanden, dass er sich beim Anblick von Futter zuerst an seinen Menschen wenden soll, wird er großzügig dafür belohnt.

negative Gefühl abgemildert, da das Abbruchsignal eine Belohnung ankündigt und diese sofort für positive Gefühle sorgt.

Auch hier werden die Gesetze der klassischen Konditionierung wirksam. Das Abbruchsignal wird mit dem erwünschten Alternativverhalten verknüpft und mit der Belohnung assoziiert.

Nachteile dieser Methode:
- Der Halter muss sicher stellen, dass der Hund die Belohnung nur dadurch erhalten kann, indem er das Signal befolgt. Alle »Hintertürchen« müssen geschlossen sein, denn sonst lernt der Hund sehr schnell, wie er sich dem Signal entziehen kann und trotzdem an seine Belohnung kommt.

Blickkontakt einfordern und belohnen

Für jeden Blickkontakt zu seinem Halter, wird der Hund belohnt.

Das kann sein:
- Der Hund schaut von sich aus zu seinem Menschen.
- Der Halter spricht den Hund an, dieser reagiert und schaut dann zum Menschen.

Für jeden Blickkontakt bekommt er eine Belohnung. Ziel ist es, dass der Hund sich von sich aus immer häufiger nach seinem Menschen umsieht bzw. Blickkontakt aufnimmt, weil sich das für ihn lohnt. In Situationen, in denen er bisher nicht zu kontrollieren ist, kann der Halter den Blickkontakt einfordern und seinen Hund dafür belohnen.

Je öfter der Hund das Kommando »Nein« ignoriert, desto schwerer und langwieriger gestaltet sich das Training.

Damit ist der Blick auf die »Beute« erst einmal unterbrochen, und weiterhin bekommt der Hund eine Belohnung und verbindet positive Gefühle damit, Blickkontakt zu seinem Menschen aufzunehmen. Somit wird er sich bald gerne zu seinem Menschen umdrehen, auch dann, wenn er etwas »Fressbares« gefunden hat.

Vorteile dieser Methode:

- Wendet der Hund seinen Blick von der »Beute« ab, lenkt er zwangsläufig seine Aufmerksamkeit auf seinen Menschen.
- Ist man zu zweit unterwegs, kann eine Person den Hund auf sich lenken und die andere das »Futter« wegnehmen.
- Der Hund freut sich und bekommt eine »Ersatzbelohnung« bei seinem Menschen.

Nachteile dieser Methode:

- Viele sehr futterorientierte Hunde sind häufig überhaupt nicht mehr ansprechbar, wenn sie den Geruch von »Fressbarem« in der Nase haben. Hierbei ist es dann egal, wie gut sie sonst auch gehorchen mögen.
- Die Belohnung muss wirklich etwas ganz Besonderes sein. Auch hier haben wir wieder das Problem, dass die gefährlichen Giftköder evtl. auch Wurst oder Fleisch enthalten und der Halter dann dagegen verliert, wenn er nichts Besseres oder evtl. sogar etwas weniger Hochwertiges für den Hund hat.

- Der Hund hat schnell verstanden, dass er die gefundene »Beute« auf keinen Fall bekommt und wird evtl. dazu übergehen zu versuchen, diese doch so oft wie möglich zu bekommen.
- Schafft der Hund es auch nur wenige Male, dann weiß er, dass er trotz des Signals eine Chance hat, die »Beute« zu bekommen ... – womit wir wieder bei der intermittierenden Belohnung wären.

Training der Impulskontrolle

Der Hund soll folgende Dinge lernen:
- sich selbst zu kontrollieren, also nicht immer sofort loszurennen, sondern abzuwarten.

- nicht immer sofort von 0 auf 100 zu sein, sondern zu erfahren, dass sich die Aufregung auch langsam steigern kann – oder eben auch nicht.
- dass er nicht mehr so lange braucht, bis er nach einer Aufregung wieder ruhig ist.

Beispiele für dieses Training sind:
- Der Hund muss warten, bis er ruhig ist, und bekommt dann sein Futter.
- Er muss ruhig sitzen und warten, bis er ins Haus darf.
- Wird er im Spiel zu grob und wild, ist das Spiel vorbei.
- Der Halter wirft ein Spielzeug, und der Hund muss ruhig abwarten und darf es erst dann holen, wenn er dazu aufgefordert wird.

Der Hund soll sich gerne und freiwillig an seinen Menschen wenden.

Solange der Hund das Futter aus der Hand einfordert, erhält er nichts.

Der Hund soll selbst herausfinden, dass es sich lohnt, wenn er sich von seiner »Beute« abwendet.

Für das Warten bekommt der Hund anschließend das Futter.

Das alles soll erst einmal in ungestörter und ablenkungsarmer Umgebung aufgebaut werden. Wenn es dort gut klappt, werden die Ablenkungen nach und nach gesteigert und das Gelernte überall generalisiert.

Trainingsaufbau:

- Nehmen Sie ein Spielzeug oder ein Stück gutes Futter in eine Hand und zeigen es dem Hund.
- Kurz bevor der Hund es erreichen kann, schließen Sie Ihre Hand und warten, was der Hund macht.
- Solange der Hund versucht, durch Stupsen, Knabbern, Kratzen etc., die Hand zu öffnen und an das Futter zu kommen, machen Sie nichts und der Hund bekommt auch nichts.
- Wenn der Hund kurz von der Hand ablässt, sich setzt, seinen Menschen ansieht etc., dann öffnen Sie die Hand, und der Hund bekommt das Futter.
- Er soll also lernen, dass es sich nur lohnt, wenn er geduldig wartet und das Futter/ Spielzeug nicht einfordert.
- Sie können das auch mit dem gefüllten Futternapf trainieren. Stellen Sie den Napf nur wenige Meter vom Hund entfernt auf den Boden. Der Hund muss warten, bis Sie ihn freigeben und er fressen darf.
- Der Hund darf manchmal sofort fressen, manchmal muss er ein bisschen warten (auch die Wartezeit sollte variieren). Er muss also mehr oder weniger Frust aushalten.

Was bedeutet das nun für das Training gegen unerwünschtes Fressen von ungenießbaren Dingen?
Die Idee hinter diesem Training ist, dass der Hund Futter – und zwar immer und überall – erst dann fressen darf, wenn es ihm erlaubt wurde. Das bedeutet, er muss zu Hause vor dem Futternapf so

Futter – und zwar auch zu Hause – bekommt der Hund immer erst, nachdem es frei gegeben wurde.

lange warten, bis der Halter ihn frei gibt. Auch mit Leckerlis im Haus, Garten oder auf dem Spaziergang wird so verfahren. Das bedeutet, dass der Hund alles, was er irgendwo an Fressbarem findet, nicht frisst, solange es ihm nicht erlaubt wurde.

Vorteile dieser Methode:

- Der Hund lernt, sich zu beherrschen. Diese Impulskontrolle kommt Hund und Halter auch in anderen Situationen zu Gute.
- Im Optimalfall hat der Hund von Anfang an nicht gelernt, dass er irgendetwas fressen darf, das irgendwo herumliegt, egal, wie lecker es auch sein mag. Kennt er es nicht anders, wird die Frage bzw. Bitte um Fresserlaubnis zu einer Selbstverständlichkeit.

Nachteile dieser Methode:

- Es ist nicht sehr schwer, dem Hund beizubringen, dass er warten muss, bis er sein Futter fressen darf, wenn er weiß, dass er es auf jeden Fall nach der Wartezeit bekommt. Hier spielt es dann auch eine untergeordnete Rolle, ob er einmal länger und ein anderes Mal kürzer auf die Freigabe warten muss. Hat er aber gelernt, dass er draußen gefundenes »Futter« niemals bekommt, auch dann nicht, wenn er wartet, dann ist es schon sehr viel weniger wahrscheinlich, dass er sich zuverlässig daran hält. Dazu kommt noch, dass gerade Giftköder so gut wie immer in Wurst, Fleisch oder ähnlichen Dingen versteckt sind, also genau die Dinge, die sowieso ganz oben auf der Favoritenliste fast aller Hunde stehen.

»Fressbares« anzeigen lassen

Hat der Hund eine bestimmte Vorliebe für z. B. tote Mäuse, Pferdeäpfel etc., kann er lernen, dass er diese Dinge zwar sucht, aber nicht frisst, sondern anzeigt und dafür von Ihnen belohnt wird. Dieses Training kann nur dann erfolgreich sein, wenn die Dinge klar definiert sind, d. h., dass auch Sie selbst sie sehen bzw. an bestimmten Stellen deponieren können.

Beispiel: Der Hund zeigt Pferdeäpfel an, anstatt sie zu fressen.
Pferdeäpfel sind zum einen gut sichtbar und zum anderen klar definiert. Das bedeutet, es

Solange der Hund Pferdeäpfel noch frisst, ist Freilauf kontraproduktiv.

Lässt sich der Hund nicht unterbrechen, wird ihm der Weg versperrt.

Der Hund sollte gerufen werden, sobald er die Pferdeäpfel gesehen hat.

handelt sich um Dinge, mit denen man ganz konkret trainieren kann.

Voraussetzung
- Das Erste, was ein Hund lernen muss, ist ein sicheres Abbruchsignal (siehe »Nein«, Seite 51). Dieses Signal bedeutet für den Hund: »Hör auf mit dem, was du gerade machst.«
- Nur, wenn der Hund in einem unerwünschten Verhalten unterbrochen werden kann, ist es möglich, seine Aufmerksamkeit umzulenken und ein Alternativverhalten abzufragen. Wendet der Hund seinen Blick von dem »Objekt der Begierde« ab und seinem Menschen zu, wird er belohnt.

Training mit Pferdeäpfeln:
- Am einfachsten ist es, Sie gehen mit Ihrem Hund in die Nähe eines Pferdestalles bzw. suchen beliebte Reitwege auf.
- Anfangs bleibt der Hund noch an der Leine.
- Er soll die Pferdeäpfel zwar sehen bzw.

wahrnehmen, aber nicht erreichen können.
- Der Hund bleibt an der Leine, und Sie gehen mit ihm an den Pferdeäpfeln vorbei.
- Wendet sich der Hund den Pferdeäpfeln zu, unterbrechen Sie ihn mit dem Abbruchsignal und lenken seine Aufmerksamkeit auf sich. Lässt sich der Hund darauf ein, erhält er eine besonders hochwertige Belohnung.
- Unterbricht der Hund seine Absicht nicht, können Sie sich ihm in den Weg stellen und den Weg blockieren. Anschließend gehen Sie wortlos mit dem Hund weiter und zwar ohne, dass er die Pferdeäpfel erreichen kann und auch ohne, dass er belohnt wird.
- Solange Sie damit rechnen müssen, dass auf Ihren Spazierwegen Pferdeäpfel herumliegen, darf der Hund nicht mehr ohne Leine laufen. Hat der Hund nämlich immer wieder Erfolge, d. h. kann er seine geliebten Pferdeäpfel auch nur hin und wieder fressen, wird das Training immer schwieriger und die Prognose immer ungünstiger.

Ziel dieses Trainings ist es, dem Hund zu demonstrieren, dass er nur gewinnen kann, wenn er die Pferdeäpfel nicht frisst. Das funktioniert allerdings nur dann, wenn sein Mensch eine mindestens genauso begehrte Belohnung für ihn hat und er gleichzeitig die Erfahrung macht, dass unkooperatives Verhalten zu einem doppelten Verlust führt. Der Hund erhält in diesem Fall nämlich weder die Pferdeäpfel, noch die Belohnung bei seinem Menschen.

Es kann einige Wochen dauern, bis der Hund verstanden hat, dass Pferdeäpfel wirklich unerreichbar sind, denn einige Hunde sind ganz schön hartnäckig.

Der nächste Schritt ist der, dass der Hund lernt, Pferdeäpfel zwar zu suchen, aber eben nicht mehr zu fressen. Sehen Sie einige Meter entfernt einen Haufen Pferdeäpfel liegen, rufen Sie Ihren Hund sofort freundlich zu sich. Achten Sie darauf, dass der Hund die Pferdeäpfel auch wirklich gesehen hat, allerdings darf er noch nicht so nah herangekommen sein, dass er im Vorbeigehen davon naschen konnte.

Der Hund hat ja bereits gelernt, dass Pferdeäpfel für ihn 1. tabu und 2. sowieso unerreichbar sind, egal, wie sehr er sich auch bemüht. Er wird sich also auf das Angebot einer Belohnung bei Ihnen einlassen. Wichtig ist jetzt, dass Sie wirklich jedes Mal, wenn Sie irgendwo Pferdeäpfel sehen, den Hund sofort zu sich rufen und ihn anschlie-

ßend mit der Superbelohnung belohnen. Machen Sie das konsequent über mehrere Wochen, wird das Auftauchen von Pferdeäpfeln zu einem Signal dafür, zu seinem Menschen zu kommen und sich eine Belohnung abzuholen. Wenn Sie merken, dass Ihr Hund zuverlässig sofort zu Ihnen kommt oder auch nur in Ihre Richtung sieht, sobald er Pferdeäpfel gesehen hat, dann können Sie davon ausgehen, dass er verstanden hat, was Sie von ihm möchten. Erfahrungsgemäß kann der Hund ab diesem Zeitpunkt auch wieder frei laufen, denn die meisten Hunde entwickeln sich zu eifrigen »Schatzsuchern«, die auf jedem Spaziergang nicht nur jeden Haufen Pferdeäpfel finden, sondern diesen Fund ihrem Menschen auch anzeigen – und zwar OHNE vorher davon zu

Zeigt der Hund Pferdeäpfel zuverlässig an, kann er auch wieder ohne Leine spazieren gehen.

Bleibt der Hund unkooperativ, verliert er gleich doppelt.

fressen. Wichtig ist jetzt, dass Sie Ihren Hund für jedes Anzeigen belohnen, denn sonst geht er schnell wieder dazu über, die Pferdeäpfel zu fressen. Am Anfang muss er immer die Superbelohnung erhalten, später kann er abwechselnd, mal mit der Superbelohnung, ein anderes Mal mit einem tollen Spiel, einem normalen Leckerli oder auch einem verbalen Lob belohnt werden. Wenn Sie jetzt möchten, dass der Hund das Gelernte generalisiert und wirklich immer und überall Pferdeäpfel anzeigt, anstatt sie zu fressen, dürfen Sie nicht immer nur auf ein und dem selben Weg üben. Sonst lernt der Hund nur, dass er auf einem bestimmten Weg Pferdeäpfel suchen und anzeigen soll, diese an anderen Stellen aber fressen darf.

Vorteile dieser Methode:
- Der Hund findet selbst heraus, dass sich das Fressen von – in diesem Fall Pferdeäpfeln – nicht lohnt. Er muss also nicht nach Schlupflöchern suchen, um sich über Verbote und Regeln hinwegzusetzen.

- Der Hund muss nicht davon abgehalten werden, ständig nach Pferdeäpfeln zu suchen, sondern wird im Gegenteil sogar noch dazu ermuntert und dafür belohnt.
- Der Hund hat eine Aufgabe und damit eine Beschäftigung auf dem Spaziergang.
- Es besteht die Möglichkeit, und diese ist gar nicht mal so gering, dass der Hund das Anzeigen generalisiert. Er kommt vielleicht nach einige Zeit auf die Idee, etwas anderes »Fressbares« als das, was er anzuzeigen gelernt hat, zu melden. Wenn Sie jetzt sofort reagieren und dem Hund eine doppelte Portion der Superbelohnung dafür geben, dann ist die Chance groß, dass er zumindest diese Art von »Futter« auch zukünftig zuverlässig anzeigt, anstatt es zu fressen. Da der Hund ja bereits schon einmal erfahren hat, dass sich seine spontane Idee für ihn mehr als auszahlen kann, wird er sich auch später trauen, eigene Angebote zu machen. Hier bedienen wir uns dem Prinzip der operanten Konditionierung. Der Hund zeigt also ein spontanes Verhalten und erfährt dafür positive Konsequenzen. Wenn er jetzt verstanden hat, dass sich das Anzeigen doppelt lohnt, wird er das immer häufiger machen. Verbindet er diese positive Konsequenz jetzt auch noch mit »Futter«, dann wird er nicht mehr nur das eigentlich gelernte »Objekt der Begierde« als Fund anzeigen, sondern an die Stelle dieses Objektes tritt dann ein »Gefunden & Essbar«.

Nachteile dieser Methode:
- Es dauert eine ganze Weile, bis dieses Verhalten zuverlässig aufgebaut ist. Während des Trainings müssen Sie zu 100 % aufmerksam sein und verhindern, dass der Hund die

Möglichkeit bekommt, Pferdeäpfel doch zu fressen. Mit jedem Erfolg des Hundes, wird das Training langwieriger und schwerer.

Das Präparieren von bestimmten Dingen

Hierbei legen Sie ganz gezielt die Dinge, die Ihr Hund gerne frisst, auf Spazierwegen aus. Bestreichen Sie das »Futter« mit scharfen Gewürzen wie Chili oder Tabasco oder aber mit Übelkeit verursachenden Medikamenten bzw. extra hierfür im Handel erhältlichen Mitteln.

Geschmacksvermeidelernen

Das Prinzip, das hinter dieser Methode steckt, ist das sogenannte Geschmacksvermeidelernen.

Ein neuer Reiz wird mit einer Reaktion bzw. Konsequenz verknüpft. Wird eine neue Speise gegessen und kommt es anschließend zu einer Übelkeit, Krankheit oder Vergiftung, so wird diese Speise von nun an gemieden.

Scharfe Substanzen wie Chili oder Tabasco sind für viele Hunde sehr unangenehm, wenn sie diese fressen.

Dieser Lernprozess weicht allerdings von den »Regeln« der klassischen Konditionierung ab.

- Ein einziger Kontakt zu der Speise reicht aus, um sie meist ein Leben lang nicht mehr zu essen.
- Auch wenn zwischen dem Essen der Speise und der negativen Konsequenz ein längerer Zeitraum von z. B. einer halben Stunde liegt, findet eine Verknüpfung statt. Voraussetzung hierfür ist natürlich, dass die Übelkeit eindeutig mit der dafür verantwortlichen Speise in Verbindung gebracht werden kann.

Um das Risiko einer Vergiftung möglichst gering zu halten, nehmen Wildtiere von unbekanntem Futter meist ganz kleine Mengen zu sich. Ruft eine neue Nahrung negative Konsequenzen, wie z. B. Übelkeit oder Erbrechen, hervor, wird sie in Zukunft gemieden. Zeigen sich keine negativen Konsequenzen, nimmt das Tier mehr davon zu sich und wird es auch in Zukunft wieder fressen. Leider scheint diese Vorsicht bei unseren Hunden irgendwo in der Evolution verloren gegangen zu sein.

Geschmacksvermeidelernen kann auch in Verbindung mit sozialem Lernen stehen. Das kann man sehr gut bei Ratten beobachten. Finden Ratten eine Nahrungsquelle, die sie noch nicht kennen, schicken sie erst ein Tier vor, das die Nahrung probieren soll. Wird dieses Tier anschließend krank oder stirbt sogar, fressen alle anderen nicht davon. Zeigen sich keine negativen Konsequenzen, fressen alle anderen Tiere auch. Ratten haben einen weiteren »Trick« um zu erkennen, ob neue und unbekannte Nahrung genießbar ist. Treffen sie eine andere Ratte, so erkennen sie diese an ihrem Atem als Artgenosse. Wenn dieser Artgenosse jetzt mit neuer und unbekannter Nahrung angetroffen wird, schließen die anderen

Ratten darauf, dass die neue Nahrung unbedenklich ist und gefressen werden kann. Atmet der Artgenosse, dann bedeutet das nämlich gleichzeitig, dass er noch lebt. Bei unseren Hunden, funktioniert leider auch dieses System nicht. Im Gegenteil. Sehen Hunde, wie ein oder mehrere andere Hunde etwas fressen, dann laufen sie schnell dort hin und versuchen, so viel wie möglich selbst davon abzubekommen. Ob dem anderen Hund das »Futter« bekommt, interessiert sie nicht. Im Gegenteil, geht ein anderer Hund von der »Futterquelle« weg, dann stürzen sich die restlichen Hunde erst recht schnell darauf.

Vorteile dieser Methode:

- Die Idee ist: Der Hund soll lernen, dass das Fressen von vermeintlichen Nahrungsmitteln negative Konsequenzen nach sich zieht und zwar unabhängig davon, ob der Halter in unmittelbarer Nähe zum Hund steht oder nicht. Es handelt sich also um eine Form der anonymen Bestrafung, die der Hund nicht mit dem Halter in Verbindung bringen soll.

Nachteile dieser Methode:

- Auch dann, wenn der Halter das präparierte »Futter« nur mit Handschuhen berührt, so kann der Hund den Geruch seines Menschen daran erkennen. Hunde sind nicht auf Fingerabdrücke angewiesen, sondern können Duftspuren eines Menschen mit Hilfe minimaler Duftmoleküle verfolgen.
  - Der Hund lernt also, dass er »Futter«, das nach seinem Menschen riecht, auf Spaziergängen meiden muss. »Futter«, das nicht nach seinem Menschen riecht, ist dagegen ungefährlich. Das ist aber genau das, was Sie auf keinen Fall damit erreichen möchten.

Hat ein Hund etwas Fressbares gefunden, gesellen sich in der Regel schnell andere Hunde dazu, um ebenfalls etwas abzubekommen.

- Chili, Tabasco und Ähnliches hat einen sehr starken Eigengeruch. Spätestens nach dem ersten unangenehmen Kontakt damit, wird der Hund so präparierte »Köder« meiden, andere Dinge aber weiterhin fressen.
- Medikamente und andere Mittel, die Übelkeit auslösen sollen, wirken nicht sofort, wenn der Hund sie frisst bzw. schluckt. Wenn dem Hund dann schlecht wird, bringt er dieses unangenehme Gefühl nicht mehr mit dem »Futter« in Verbindung.
- Selbst wenn der Hund lernt, dass ein bestimmtes »Futter« unangenehme Folgen hat, ist es unmöglich, dieses Training für alle nur erdenklichen Dinge, die der Hund draußen finden könnte, durchzuführen. Dazu kommt,

dass der Hund irgendwann überhaupt nichts mehr fressen würde. Leider wird für Giftköder auch immer Futter verwendet, das auf dem normalen Speiseplan von Hunden steht bzw. von diesen als besonders hochwertig empfunden wird.

Füttern von bestimmten Nahrungsergänzungen bzw. Lebensmitteln

Viele Theorien besagen, dass dem Hund bestimmte Nährstoffe bzw. »Geruchsstoffe« in der modernen Fütterungspraxis fehlen. Hierbei handelt es sich zum einen um bestimmte Vitamine oder Inhaltsstoffe und zum anderen um Bestandteile, die der Wolf oder »wilde Hund« beim Fressen erlegter Beutetiere mitfressen würde.

Es gibt nur Empfehlungen, aber keinerlei wissenschaftliche Beweise oder groß angelegte Studien hierfür. Einen Versuch ist es aber allemal wert, denn einige Hundehalter haben mit folgenden Lebensmitteln gute Erfahrungen gemacht.

Grüner Pansen
Der grüne Pansen ist im Gegensatz zu dem häufiger erhältlichen weißen Pansen nicht gewaschen. Er enthält noch vorverdautes Gras und bestimmte Enzyme und Darmbakterien des Pflanzenfressers. Die besten Erfolge sollen erzielt werden können, wenn der Hund diesen Pansen roh erhält, da beim Kochen sowohl »Aromastoffe« als auch Nährstoffe verloren gehen.

Frische Hefe
Hefe soll Nährstoffe enthalten, die Kot fressenden Hunden eventuell fehlen. Sie wird täglich zum normalen Futter gegeben.

»Stinkender« Käse
Genauso wie beim Pansen, soll hier der Geruch für den Hund anziehend sein. Bekommt der Hund regelmäßig einen stinkenden Ersatz für Kot und Co., hören einige Hunde mit dem Kotfressen auf.

Vorteile dieser Methode:
- Es ist kein Training und auch kein Zeitaufwand für den Halter nötig.
- Es handelt sich um natürliche Nahrungsmittel, also keine Chemie.
- Es sorgt beim Hund auf jeden Fall für positive Gefühle.

Nachteile dieser Methode:
- Die genannten Nahrungsmittel sollten besser nicht im Haus gegeben werden, weil der Geruch für den Menschen schnell unerträglich wird.
- Gerade Hunde mit empfindlichem Magen reagieren schnell mit Durchfall auf das ungewohnte Futter.
- Da nicht jeder Hund bedenkenlos alles fressen darf ist es zu empfehlen, dass der Hund vor einer Futterumstellung bzw. der Fütterung zusätzlicher Stoffe einem Tierarzt vorgestellt wird.

Der Hund ist in der Regel froh, wenn ihn sein Mensch nicht beim Fressen stört.

Ungeeignete
Methoden

Auch wenn es nicht möglich ist, eine oder mehrere Methoden zu nennen, die garantiert und bei jedem Hund zum Ziel führen, so gibt es einige Methoden, die mit ziemlicher Sicherheit bei allen Hunden nicht zum Ziel führen. Weiterhin gibt es Methoden, die sich von selbst verbieten, weil sie mehr Schaden anrichten, als dass sie nützlich wären.

Ignorieren des unerwünschten Fressverhaltens

Bei sehr vielen unerwünschten Verhaltensweisen ist die beste Therapiemethode die, dass man ihr keinerlei Aufmerksamkeit schenkt. Das funktioniert bei allen Verhaltensweisen, bei denen es das Ziel des Hundes ist, die Aufmerksamkeit seines Menschen zu erhalten.

Da das Fressen von gefundenen Dingen selbstbelohnend ist, ist es natürlich Unsinn, das Verhalten zu ignorieren. Auch eine Strafe hinterher wird den Hund wenig beeindrucken, denn er hatte seinen Erfolg. Der Grund dafür ist die sogenannte intrinsische Belohnung. Hiermit ist gemeint, dass der Hund keine Bestätigung von außen mehr braucht, weil die Ausführung des Verhaltens selbst bzw. ihr Ergebnis ihm wichtig ist. Dieses Verhalten kann dann weder durch Strafen verhindert bzw. gelöscht, noch durch Belohnung verstärkt werden.

Wegnehmen der gefundenen »Beute«

Viele Halter versuchen, ihrem Hund die gefundene »Beute« wegzunehmen oder ihn davon wegzuscheuchen oder wegzuziehen. Bei den ersten Malen hat das sicherlich Erfolg,

aber leider bleibt das nicht so. Der Hund lernt, dass er aufpassen muss, wenn er etwas »Leckeres« gefunden hat, weil es sein Mensch ihm sonst wegnimmt. Der Hund möchte verständlicherweise verhindern, dass er seine Beute verliert. Die Konsequenz ist, dass der Hund immer weiter voraus rennt und im Falle eines Fundes schnell damit wegläuft. Er taucht erst wieder in der Nähe seines Menschen auf, wenn er alles gefressen hat und es ihm niemand mehr nehmen kann. Andere Hunde versuchen, in einer atemberaubenden Geschwindigkeit so viel wie möglich in sich hineinzustopfen, bevor der Halter bei ihnen ist und sie unterbrechen kann. So kann es nicht nur zu einem Überfressen kommen, es werden wohlmöglich auch andere Dinge, die neben oder in dem eigentlichen »Objekt der Begierde« liegen, verschluckt. Auch kann es passieren, dass der Hund dadurch lernt, Ressourcen – und dann häufig ALLE Ressourcen – aggressiv zu verteidigen.

Das Wegnehmen von gefundenem »Futter« hat mehr Nachteile, als dass es nützt.

Strafen

Dadurch, dass ein Verhalten bestraft wird, also unangenehme Konsequenzen nach sich zieht, soll es weniger häufig gezeigt werden. Gearbeitet wird hier nach dem Prinzip der operanten Konditionierung. Es wird zwischen drei verschiedenen Arten von Strafen, unterschieden:

Positive Strafen
Es wird etwas Unangenehmes hinzugefügt.

Beispiel:
- Der Hund wird mit einer Wasserpistole angespritzt, wenn er etwas fressen will.
- Dem Hund wird etwas hinterhergeworfen, wenn er etwas fressen will.

Negative Strafen
Es wird etwas Angenehmes entfernt.

Beispiele:
- Der Hund wird sofort an die Leine genommen, sobald er etwas frisst.

Anonyme Strafen
Es wird etwas Unangenehmes hinzugefügt. Die Strafe erfolgt unabhängig davon, ob der Halter anwesend ist oder nicht bzw. soll vom Hund nicht mit dem Halter bzw. dessen Anwesenheit in Verbindung gebracht werden.

Beispiel:
- Bei Hunden, die Essen vom Tisch klauen, kann man ein Stück Fleisch so auf den Tisch

Durch das Tragen eines Spielzeuges kann der Hund nicht einfach im Vorbeigehen alles fressen, was herumliegt.

Wird der Hund einige Male angeleint, wenn er etwas frisst, ist der für ihn angenehme Freilauf beendet.

legen, dass der Hund es vom Boden aus erreichen kann.

- Am Fleisch ist eine Rasselbüchse befestigt, die den Hund erschreckt, wenn er das Fleisch vom Tisch zieht.

Strafen, bei denen dem Hund Schmerzen zugefügt werden oder er große Angst bekommt, sind Tierquälerei und zurecht gesetzlich verboten!

Es ist zwar möglich, mit Strafen manchmal schnelle Erfolge zu erzielen, aber jeder Hundehalter muss sich fragen, ob er den Preis, nämlich den Vertrauensverlust und die Tatsache, dass sein Hund ihm nur aus Angst gehorcht, bezahlen möchte.

Voraussetzungen für die Anwendung von Strafen

- Es bringt nichts, wenn ein unerwünschtes Verhalten nur unterbrochen bzw. bestraft wird, solange niemand dem Hund sagt, was er stattdessen machen soll. Der Hund muss also eine Alternative angeboten bekommen, für die er belohnt werden kann.

- Alle Methoden, die auf Belohnung basieren, wurden schon ausprobiert und hatten keinen Erfolg.
- Es soll immer gelten »so viel wie nötig, aber so wenig wie möglich«.
  - Das bedeutet, dass die Strafe – in einem vertretbaren Rahmen – so stark sein muss,

Das Vorbeigehen an etwas »Fressbarem« im »Fuß«, ist eine gute Alternative für den Hund, die nicht mit dem Fressen der »Beute« vereinbar ist.

dass sie den Hund beeindruckt und sein unerwünschtes Verhalten unterbricht bzw. verhindert.

– Es ist wünschenswert, dass eine ein- oder höchstens zweimalige Anwendung ausreicht, damit der Hund das Verhalten wirklich dauerhaft unterlässt.

- Es ist richtig, mit einem leichten Strafreiz zu beginnen. Zeigt dieser aber keinen Erfolg, so darf die Intensität nicht langsam und kontinuierlich gesteigert werden, weil der Hund sich sonst daran gewöhnt und nicht mehr darauf reagiert.

- Jede Strafe muss mit einem Signal verbunden sein, das sie ankündigt. Das bedeutet, dass der Hund die Möglichkeit bekommen muss, die Strafe zu vermeiden, wenn er sein Verhalten entsprechend ändert.

Beispiel:
Der Hund möchte etwas am Wegrand fressen.
- Sie geben dem Hund Ihr »Abbruchsignal« und rufen ihn anschließend zu sich.
- Reagiert der Hund nicht auf das Signal, stellen Sie sich ihm energisch in den Weg und schicken ihn weg, um ihn von seinem Vorhaben abzubringen.
  – Wenn Sie diese Kombination, also Signal + anschließende Strafe mehrmals wiederholen, wird der Hund bald merken, dass das Signal die Strafe ankündigt.
  – Unterbricht der Hund sein Verhalten auf das Signal hin, muss er sofort gelobt werden und er wird natürlich nicht bestraft.
- Ein unerwünschtes Verhalten sollte, wenn möglich, im Keim erstickt werden.
  – Das bedeutet, dass Sie nicht warten sollten, bis das unerwünschte Verhalten des Hundes unerträglich geworden ist.
  – Je früher man ein Verhalten unterbindet, desto schwächer muss der Strafreiz sein.
  – Hat sich ein Verhalten schon »eingebürgert« und ritualisiert, ist es sehr viel schwerer, es dem Hund wieder abzugewöhnen.

Nachteile von Strafen
- Strafen wirken nur dann, wenn der Halter bzw. der Strafende, vor dem der Hund Angst hat oder von dem er die Strafe befürchtet, direkt anwesend ist und Einfluss auf den Hund nehmen kann.

– Ist der Mensch, der das Tier mit Hilfe der Strafe bzw. deren Androhung, »gut im Griff hat«, anwesend, wird der Hund sein Verhalten nicht zeigen.

– Wird der Hund aber von einer anderen Person spazieren geführt oder ist der Halter nicht unmittelbar anwesend bzw. der Hund kann sich dessen Einfluss entziehen, ist die Gefahr groß, dass das unerwünschte Verhalten umso heftiger ausfällt, was gefährlich werden kann.

• Strafen müssen immer sofort – eigentlich zeitgleich mit dem unerwünschten Verhalten – erfolgen.

– Es ist also völlig nutzlos, einen Hund zu bestrafen, wenn er zu Ihnen zurückkommt, nachdem er etwas gefressen hat.

• Die Strafe muss so gravierend sein, dass der Hund sie wirklich zum Anlass nimmt, sein Verhalten in Zukunft nicht mehr zu zeigen.

– Bei sehr sensiblen Hunden mag es reichen, wenn man sie etwas härter oder lauter anspricht, damit sie ein Verhalten unterlassen. Bei weniger sensiblen Hunden ist das bei weitem nicht ausreichend.

– Jede Maßnahme, die über ein härteres oder lauteres Ansprechen, körpersprachliche Drohung oder ein kurzes Erschrecken bzw. Abfangen des Hundes hinausgeht, ist abzulehnen!

• Die Strafe muss jedes Mal auf das unerwünschte Verhalten folgen, wenn sie dauerhaft wirksam sein soll.

Hat der Hund das Gefundene bereits gefressen und kommt zurück, verbindet er die Strafe nicht mehr mit dem Fressen, sondern mit dem Zurückkommen.

– Da niemand seinen Hund 24 Stunden am Tag beaufsichtigen und jedes unerwünschte Verhalten sofort unterbinden kann, wird der Hund immer Gelegenheiten finden, in denen er das unerwünschte Verhalten ausführen kann, ohne dass es negative Konsequenzen hat.

– Der Hund lernt dann nicht, dass er das unerwünschte Verhalten aufgeben soll, sondern nur, dass er es nicht zeigen darf, wenn sein Halter anwesend ist bzw. ihn gerade sehen und daran hindern kann.

- Es darf immer nur ein bestimmtes Verhalten, nicht aber der Hund selbst, bestraft werden.

– Das bedeutet, dass der Hund die Strafe zwar mit seinem Verhalten, nicht aber mit seinem Menschen in Verbindung bringen soll.

– Wird ein Hund also z. B. häufiger von seinem Menschen hart gepackt, so verliert er das Vertrauen zu diesem und bekommt immer mehr Angst.

– Die Folge ist dann, dass der Hund seinem Menschen grundsätzlich ausweicht, weil er immer etwas Unangenehmes von ihm erwartet. Der Hund zeigt dann auch Meideverhalten, wenn der Halter ihn streicheln oder an die Leine nehmen will.

Strafe als Konsequenz, wenn der Hund das Abbruchsignal ignoriert

Die Idee dahinter ist immer, dass das Nichtbefolgen des Abbruchsignals negative Konsequenzen für den Hund hat. Diese Vorgehensweise ist allerdings – wie alle Strafen – mit Risiken

Ist der Mensch gerade abgelenkt, kann der Hund unkontrolliert auf »Futtersuche« gehen.

Hat der Hund die »Beute« bereits gefressen, hilft Schimpfen auch nicht mehr.

verbunden. Das Abbruchsignal wird zu einem Signal dafür, dass der Hund sein Verhalten sofort unterbrechen soll und dafür nicht nur belohnt wird, sondern auch eine unangenehme Strafe vermeiden kann.

Nachteile dieser Methode:

- Es dürfen keine Gegenstände nach oder gar auf den Hund geworfen oder er durch irgendwelche Geräusche gezielt erschreckt werden. Gerade bei Geräuschen provozieren bzw. konditionieren Sie in gewissem Sinne eine Geräuschangst, die sehr schnell auf andere Geräusche generalisiert werden kann. Somit wäre zwar ein Problem evtl. gelöst, ein anderes, das die Lebensqualität von Hund und Halter aber mindestens genauso, wenn nicht sogar erheblich mehr, beeinträchtigt, aber geschaffen.

- Das Futter, mit dem trainiert wird, sollte auf keinen Fall das normale Futter sein, da es vorkommen kann, dass der Hund dieses Futter in Zukunft meidet und überhaupt nicht mehr fressen möchte.

- Da der Hund – anders als oft behauptet – sehr wohl weiß, wer Gegenstände auf oder nach ihm geworfen hat, ist die Gefahr groß, dass Ihr Hund Ihnen gegenüber Meideverhalten entwickelt und das Vertrauensverhältnis sehr darunter leidet.

- Strafe darf niemals ohne vorherige Warnung eingesetzt werden! Der Hund muss also

Besser als den Hund zu bestrafen ist es, ihn auf dem Spaziergang zu beschäftigen und damit das Miteinander interessanter als jedes »Futter« zu gestalten.

immer die Möglichkeit bekommen, die Strafe zu vermeiden, indem er sich entsprechend erwünscht verhält und mit einem unerwünschten Verhalten aufhört.

Bei sensiblen und sowieso schon unsicheren Hunden erreicht man mit dem Einsatz von Schreckreizen oder anderen Strafen häufig, dass sie (falls nicht sowieso schon vorhanden) Angst vor sonst noch anwesenden Menschen, Hunden, Autos, Geräuschen etc. bekommen und diese in Zukunft nicht nur meiden, sondern eventuell panisch flüchten, zitternd vor Angst stehen

bleiben oder sich in Gebieten, in denen sie bereits ein oder mehrfach bestraft wurden, überhaupt nicht mehr bewegen möchten. Im schlimmsten Fall trauen sie sich überhaupt nicht mehr aus dem Haus. Wir sprechen hier von Fehlverknüpfungen, die dem Tier erhebliches Leid und Schaden zufügen.

Bei sehr selbstbewussten Hunden, die sich nicht so schnell beeindrucken lassen, haben Strafreize möglicherweise bei den ersten Einsätzen Erfolg, der Hund gewöhnt sich aber sehr schnell daran und reagiert dann nicht mehr darauf.

Viele Hunde scheinen sogar darauf zu warten, dass der Halter seine Strafe einsetzt und machen dann mit ihrem unerwünschten Verhalten weiter, als wäre nichts gewesen.

Die Erwartungshaltung des Hundes in Bezug auf Belohnung oder Strafen

Ob ein Verstärker bzw. eine Strafe den erwünschten Erfolg nach sich zieht, hängt entscheidend davon ab, was der Hund als Konsequenz für sein Verhalten erwartet.

Ist ein Verstärker, also eine Belohnung, nicht besonders attraktiv, wird sie wohl kaum dazu beitragen, dass der Hund sein Verhalten in Zukunft weniger häufig zeigt bzw. aufgibt. Wird der Hund für ein bestimmtes Verhalten immer mit der selben Belohnung belohnt, trägt das zwar dazu bei, dass der Hund sein Verhalten weiterhin zeigt bzw. dieses durch den Halter abrufbar bleibt, aber er wird es nicht von sich aus häufiger zeigen bzw. anbieten. Bekommt der Hund eine Superbelohnung, mit der er nicht gerechnet hat, und die sehr viel mehr wert ist, als das, was er dafür aufgegeben hat, oder was er als »Lohn« für sein Verhalten erwartet hat, wird er das betreffende Verhalten in Zukunft deutlich häufiger von sich aus zeigen.

Ähnlich verhält es sich mit Strafen: Ist eine Strafe nur sehr gering, d. h. stört und beeindruckt sie den Hund nicht wirklich, so wird er sein Verhalten in Zukunft nicht verändern. Ist die Strafe zwar unangenehm für den Hund, weiß er aber genau, was ihn erwartet, so hält ihn das wahrscheinlich nicht davon ab, trotzdem hin und wieder der »Verlockung« nachzugeben und ein bestimmtes unerwünschtes Verhalten zu zeigen.

Ist die Strafe sehr hart und zwar deutlich härter, als der Hund es von seinem Menschen gewohnt ist und als er es erwartet hat, wird er sich in Zukunft viel genauer überlegen, ob er dieses noch ein weiteres Mal riskieren möchte. Hier gilt allerdings wieder der Grundsatz, dass harte Strafen, die dem Hund Schmerzen zufügen oder ihn sehr stark einschüchtern, als Tierquälerei einzustufen und damit verboten sind. Unabhängig von gesetzlichen Regelungen verbieten sie sich von selbst!

Eine Belohnung ist nur dann wertvoll, wenn der Hund sie auch haben möchte.

Finden ein oder mehrere Hunde eine bestimmte Stelle interessant, so werden auch weitere Hunde dazu animiert, zu dieser Stelle hinzulaufen.

Was, wenn gar
nichts hilft?

Bei einigen Hunden ist es leider nicht zu erreichen, dass sie Futter anzeigen, auf ein Abbruchsignal reagieren oder ein anderes Alternativverhalten zuverlässig freiwillig oder auf Signal hin zeigen.

Häufig finden wir dieses Problem bei Hunden, die aus dem Ausland kommen und sich in ihrem früheren Leben als Straßenhunde durchschlagen mussten. Aber auch in Deutschland aufgewachsene Hunde gewöhnen sich dieses unerwünschte und gefährliche Verhalten sehr schnell an.

Ein Maulkorb ist als Übergangslösung, bis ein Training erste Erfolge zeigt, sehr hilfreich.

Als letzte Lösung gibt es die Möglichkeit, den Hund an einen Maulkorb zu gewöhnen. Mit diesem kann er nichts mehr vom Boden aufnehmen, aber wenn er ansonsten gut hört, weiterhin seinen Freilauf genießen. Auch als Übergangslösung, bis erste Trainingserfolge erzielt wurden, kann ein Maulkorb sehr hilfreich sein. Damit der Maulkorb keine Beeinträchtigung für den Hund darstellt, muss er optimal passen und positiv antrainiert werden. Er muss groß genug sein, dass der Hund damit hecheln kann.

Trainingsaufbau:
- Legen Sie den Maulkorb erst einmal auf den Boden und spielen mit dem Hund, streicheln ihn usw. Hinterher räumen Sie den Maulkorb in einen Schrank. Das machen Sie am besten einige Tage lang so oft es Ihnen möglich ist.
- Wenn der Hund den Maulkorb positiv kennengelernt hat, streichen Sie ihn von innen mit Leberwurst dick ein. Der Hund darf die Wurst ablecken. Machen Sie das einige Tage lang, und der Hund wird sich schon freuen, wenn Sie den Maulkorb herausholen.
- Wenn der Hund den Maulkorb gerne ausleckt, halten Sie ein Stück Käse oder auch die Tube mit der Leberwurst so, dass der Hund seine Nase ganz in den Korb stecken muss. Nun füttern Sie ihn von vorne durch den Korb.
- Wenn der Hund auch das gerne macht, können Sie den Riemen kurz schließen und sofort wieder öffnen.
- Die Zeit, in der der Riemen geschlossen ist, können Sie langsam steigern und den Hund immer von vorne füttern.

Wenn der Hund versucht, sich den Maulkorb abzustreifen, lenken Sie ihn ab und warten, bis

Ist der Maulkorb bei angenehmen Dingen anwesend, erhält er eine positive Bedeutung für den Hund.

Es ist sehr wichtig, dass der Hund seine Nase freiwillig und gerne in den Maulkorb steckt.

er kurz ruhig ist. Dann ziehen Sie ihm den Maulkorb aus und gehen im Training wieder einen Schritt zurück.

Ziehen Sie dem Hund den Maulkorb nicht aus, solange er sich dagegen wehrt, denn er soll nicht lernen, dass er sich nur wehren muss und schon wird er den Maulkorb los.

Wenn der Hund den Maulkorb gerne trägt, spielen Sie mit ihm, streicheln oder bürsten ihn, wenn er das gerne mag, während er ihn trägt. Wenn Sie dem Hund den Maulkorb ausziehen, hört alles Angenehme sofort auf. Der Hund soll lernen, dass der Maulkorb mit angenehmen Dingen verbunden ist, und dass etwas Tolles passiert, wenn der Maulkorb auftaucht.

Vorteile dieser Methode:
- Passt der Maulkorb gut und wurde der Hund vorsichtig und positiv daran gewöhnt, stellt er für ihn keine Beeinträchtigung dar. Der Hund kann sogar wieder ohne Leine laufen.
- Der Halter kann beruhigt mit seinem Hund spazieren gehen, denn solange er den Maulkorb trägt, kann der Hund definitiv nichts vom Boden aufnehmen und fressen.

Nachteile dieser Methode
- Trotz positivem Gewöhnungstraining, akzeptieren nicht alle Hunde den Maulkorb und verlieren entweder den Spaß am Spazierengehen oder aber weigern sich sogar, auch nur einen Schritt mit dem Maulkorb zu laufen.
- Es gibt immer wieder Hunde, die zwar ohne Probleme mit dem Maulkorb laufen, ihn aber schnell abstreifen, sobald sie etwas »Fressbares« gefunden haben und fressen

Mit einem gut passenden Maulkorb ist ein ganz normaler Spaziergang für den Hund möglich.

wollen. Hat der Hund einmal herausgefunden, wie er den Maulkorb los wird, wird es schwer werden, ihm das wieder abzugewöhnen. Hier hilft dann nur, den Maulkorb sehr eng zu verschnallen oder aber einen »Hochsicherheitsmaulkorb« zu verwenden, der absolut nicht abgestreift werden kann. Dieser ist allerdings deutlich schwerer und größer als einfache Maulkörbe.

Alle vorgestellten Trainingsansätze und Empfehlungen basieren auf aktuellen wissenschaftlichen Erkenntnissen und der anerkannten Lernpsychologie. Da jeder Hund bzw. jedes Hund-Mensch-Team einzigartig ist, kann es keine Patentlösungen oder Empfehlungen geben, die garantiert funktionieren. Ob eine Trainingsmethode bei Ihrem Hund funktioniert, hängt u. a. von seinem Charakter, seinen bisherigen Erfahrungen und dem Verhalten bzw. dem Charakter seines Menschen ab.

Besonderer Dank gilt meinen Models: Amanda, Angie, Biggi, Bonita, Emma, Jasmina, Lilli, Lunti, Mia, Monchichi, Pamina, Sabrina und Tobi. Außerdem danke ich den Mitarbeitern des Verlages Müller Rüschlikon, besonders Claudia König, für die wieder einmal nette und angenehme Zusammenarbeit, und dafür, dass der Verlag auch bei meinem zweiten Buch an mich geglaubt hat.

Selbstverständlich bin ich sehr dankbar für die Erfahrungen, die ich in meiner langjährigen Arbeit mit vielen unterschiedlichen Hunden und Menschen sammeln durfte, und für das mir dadurch entgegengebrachte Vertrauen. Nicht zu vergessen, möchte ich mich bei allen meinen Freunden und Bekannten, die mich bei der Arbeit an diesem Buch unterstützt haben, bedanken, besonders bei Thomas, für die schönen Fotos.

Literaturverzeichnis

Berthold-Blaschke, U. (2008):
Angst und Angstverhalten beim Hund.
Dürnten. CH.

Berthold-Blaschke, U. (2008):
Stress und Stressmanagement.
Dürnten. CH.

Bugaut, M./Bentejac, M. (1993):
Biological effects of short chain fatty acids in nonrumainant mammals.

Ann. Rev. Nutr. In: Duda D. (2004):
Fermentation ausgewählter Kohlenhydrate
(insbesondere Mannanoligosaccharid und Pektin) in vivo und in vitro (Hohenheimer Futterwerttest) beim Schwein. Inaugural Dissertation zur Erlangung des Grades zur Doktorin der Veterinärmedizin.
Hannover.

Del Amo, C./ Theby, V. (Hrsg.) (2014):
Handbuch für Hundetrainer.
Stuttgart.

Del Amo, C. (2010):
Welpenschule.
Stuttgart.

Del Amo, C. (2007):
Probleme mit dem Hund mit 13 Trainings-programmen.
Stuttgart.

Dilling, H./Mombour, M./Schmidt, M. H. (2010):
ICD 10 Internationale Klassifikation psychischer Störungen Kapitel V (F) – Klinisch Diagnostische Leitlinien.
Bern. CH.

Donaldson, J. (2011):
Profi-Coaching für Hundehalter – Erfolgreiche Grunderziehung mit System.
Nerdlen.

Edelmann, W. (2000):
Lernpsychologie. 6. Auflage.
Weinheim.

Ewing. W. N./Cole, D. J. A. (1994):
The living gut.
Dungannon. Irland.

Fliegel, S./Groeger, W. M./Künzel, R. u. a. (1998):
Verhaltenstherapeutische Standardmethoden.
4. Auflage. Weinheim.

Goodman, P. A./Klinghammer, E. (1994):
Wolf Ethogramm.
Ehtology Series Number 8. Indianapolis (USA).

Grabner, A./Kiris, S. (2012):
Tiermedizinische Fachangestellte in Schule und Beruf.
Hannover.

Hoffmann, M. (Hrsg.) (2005):
Hundekrankheiten – Symptome erkennen und behandeln.
Königswinter.

Imoto, S./Namioka, S. (1978):
VFA – production in the pig large intestine.
J. Anim. Sci. Ausgabe 47.

Jung, H./Obermüller, A. (2004):
Hundekrankheiten von A–Z.
München.

Kappeler, P. M. (2012):
Verhaltensbiologie. 3. Auflage.
Stuttgart.

Lind, E. (2015):
Lerngesetze verstehen und anwenden in Alltag, Arbeit und Sport mit dem Hund.
Nerdlen.

Meyer, H./Zentek, J. (2005):
Ernährung des Hundes – Grundlagen, Fütterung, Diätetik. 6. Auflage.
Stuttgart.

Parfy, E./Schuch, B./Lenz, G. (2003):
Verhaltenstherapie – Moderne Ansätze für Theorie und Praxis.
Wien. A.

Reinecker, H. (1999):
Lehrbuch der Verhaltenstherapie.
Tübingen.

Schneider, B. (2001):
Verhaltensmedizin und -therapie bei Hund und Katze.

Schöning, B. (2011):
Hundeprobleme – Erkennen, verstehen und lösen.
Stuttgart.

Schrey, C. F. (2005):
Leitsymptome und Leitbefunde bei Hund und Katze. 2. Auflage.
Stuttgart.

Schroll, S./Dehasse, J. (2007):
Verhaltensmedizin beim Hund – Leitsymptome, Diagnostik, Therapie und Prävention.
Stuttgart.

Tierschutz-Hundeverordnung
(Quelle: www.juris.de)

TierSchHuV
Ausfertigungsdatum: 02.05.2001
Vollzitat: »Tierschutz-Hundeverordnung vom 2. Mai 2001 (BGBl. I S. 838), die durch Artikel 3 der Verordnung vom 12. Dezember 2013 (BGBl. I S. 4145) geändert worden ist« Stand: Geändert durch Art. 3 V v. 12.12.2013 I 4145

Winkler, S. (2008):
Lernverhalten, Motivation und Ausbildungsmethoden beim Hund.
Dürnten. Ch.

Ziemen, E. (2010):
Der Hund – Abstammung, Verhalten, Mensch und Hund.
München.

http://www.tierarztpraxis-roediger.de/de/tipps-tricks/hunde/informationen-zum-gendefekt-mdr1.html
(aufgerufen am 04.08.2015).

Die Jagd nach Spielzeug kann genauso viel Spaß machen, wie die Jagd nach »Fressbarem«.

Alexandra Hoffmann

Alexandra Hoffmann (geb. 1982) arbeitet seit dem erfolgreichen Abschluss ihres Studiums der Tierpsychologie und der Zusatzqualifikationen in »Bach-Blüten-Therapie« und »Veterinärhomöopathie«, sowie einer umfangreichen Ausbildung zur Humanpsychotherapeutin mit anschließender erfolgreich bestandener Zulassungsprüfung vor dem Münchner Gesundheitsamt, als Hundeverhaltenstherapeutin.

Im Jahr 2014 erfolgte die Zulassung gemäß § 11 TSchG durch das Veterinäramt Fürstenfeldbruck.

Neben der Arbeit in ihrer Praxis, ist Alexandra Hoffmann Autorin verschiedener Fachbücher und -artikel, außerdem arbeitet sie als Dozentin und Referentin für Tierpsychologie.

www.hundepsychologie-germering.de

Unsere Erfolgsreihen
auf einen Blick ...

DIE REITSCHULE (AUSWAHL)

Urte Biallas, **Bodenarbeitskurs**, ISBN 978-3-275-02053-9
Kerstin Diacont, **Dressur für Fortgeschrittene**, ISBN 978-3-275-01749-2
Marlit Hoffmann, **Reiterrallyes – Reiterspiele**, ISBN 978-3-275-01850-5
Petra Dürr/Carola Steen, **Kaltblutpferde reiten**, ISBN 978-3-275-01939-7
Hannelore Leiser, **Voltigieren für Einsteiger**, ISBN 978-3-275-01856-7
Angelika Schmelzer, **Pferde erziehen**, ISBN 978-3-275-01709-6
Angelika Schmelzer, **Reiten im Gelände**, ISBN 978-3-275-01748-5
Sabine Schweickert, **Fahren für Einsteiger**, ISBN 978-3-275-02079-9
Viviane Theby, **So lernen Pferde**, ISBN 978-3-275-02081-2
Jutta Plötz, **Islandpferde**, ISBN 978-3-275-02052-2
Karen Uecker, **Der Reitbegleithund**, ISBN 978-3-275-01969-4
Sigrid Weppelmann, **Basispass Pferdekunde**, ISBN 978-3-275-01750-8

DIE HUNDESCHULE (AUSWAHL)

Annegret Bangert, **Begleithundprüfung**, ISBN 978-3-275-01779-9
Ann-Sophie Griebel, **Clicker-Training**, ISBN 978-3-275-01714-0
Micaela Köppel, **Spiel und Spaß für jeden Tag**, ISBN 978-3-275-01732-4
Petra Krivy/Angelika Lanzerath, **Darf der das?**, ISBN 978-3-275-01835-2
Petra Krivy/Angelika Lanzerath, **Einer geht noch ...**, ISBN 978-3-275-01863-5
Petra Krivy/Angelika Lanzerath, **Was ein Welpe lernen muss**, ISBN 978-3-275-01689-1
Petra Krivy/Angelika Lanzerath, **Hunde verstehen**, ISBN 978-3-275-01756-0
Petra Krivy/Angelika Lanzerath, **Einfach gut erzogen**, ISBN 978-3-275-02082-9
Petra Krivy/Angelika Lanzerath, **Mein Hund im Flegelalter**, ISBN 978-3-275-01810-9
Uta Reichenbach/Gabriele Lehari, **Sinnvolle Beschäftigung**, ISBN 978-3-275-01929-8
Monika Schaal/Ursula Breuer, **Gastfreundlich**, ISBN 978-3-275-01862-8
Andrea Schmidt/Gunter Mattes, **Flyball**, ISBN 978-3-275-01912-0
Beate Schwarz, **Dummy-Training,** ISBN 978-3-275-01690-7
Manuela van Schewick, **Apportieren mit Spaß,** ISBN 978-3-275-01754-6
Manuela van Schewick, **Kind trifft Hund,** ISBN 978-3-275-01979-3

HAPPY CATS (AUSWAHL)

Sylvia Born, **Katzenkinderstube**, ISBN 978-3-275-01864-2
Nina Ernst, **Zufriedene Stubentiger**, ISBN 978-3-275-01760-7
Gabriele Müller, **Miau – Katzensprache richtig deuten**, ISBN 978-3-275-01782-9
Gabriele Müller, **Katzenspiele**, ISBN 978-3-275-01811-6
Annette Thomée, **Gesunde Katze**, ISBN 978-3-275-01839-0

**Jedes Buch mit 96 Seiten
ca. 80 Abb., broschiert
je € 9,95 | €(A) 10,30**

Müller
Rüschlikon